新入社員が学ぶ建設現場の災害防止

〈改訂第2版〉

建設労務安全研究会 編

労働新聞社

はじめに

建設業の労働災害は長期的にも減少傾向ではあるものの、未だ多くの尊い命が失われており、死亡災害は全産業に対し３割強と依然高い比率を占めている状況であります。このような状況の中、死亡災害を含む重篤な災害をひとたび発生させると企業経営にも深刻な影響を及ぼす恐れがあります。

したがって、建設業の労働災害の更なる減少に向け、労働災害防止対策の一層の徹底を図るために、元請は、店社（本社・支店）の安全スタッフと建設現場の職員等が組織的かつ体系的に安全衛生管理を推進する必要があり、その人材育成は必要不可欠のものと言えます。

現在、元請職員の新入社員等の経験の少ない職員を対象としたテキストは意外と少なく、また、労働安全衛生法および関係規則の改訂が毎年のように行われるためゼネコン各社の安全研修を実施する担当者が資料作成に苦慮することが多いこと、また、地場（中小）のゼネコンでは社員の安全衛生教育の重要性が認識されながらも十分な教育ができない現状もあるのではないかと思います。特に安全衛生教育の実効化には、社員の入社時から適切な資料に基づき、適切な時期に実施されることが非常に重要との認識から、今回、新入社員をターゲットとした教育教材である本書を現況に合わせてリニューアルを実施しました。

本書では、新入社員が知っておきたい基本的事項として、安全衛生の法関係等の基礎知識、労働災害防止のための具体的実施事項、日常管理のポイント、リスクアセスメントなどイラストを多用してわかりやすく解説しています。

また、巻末の資料編では、関連法令、関連用語などの安全衛生に関する基礎知識を掲載しています。内容は、新入社員に限らず経験の短い若手技術者のＯＪＴにも活用できる内容となっていますのでご活用ください。

本書の改訂版が、建設現場における新入社員等若手技術者および店社の若手安全スタッフにとって有効な知識の習得に役立て、労働災害防止に役立つことを期待しています。

平成 29 年 11 月

建設労務安全研究会

教育委員会委員長　鳴重　裕

新入社員教育テキスト改訂部会部会長　久髙公夫

目　次

第６章　万が一、災害が発生したら

第７章　作業環境の改善・創意工夫による災害の未然防止

第８章　リスクアセスメント

第９章　資料編

第1章

労働災害防止の意義

地球上で生活する私たちの周りには、様ざまな災害が毎日のように起きています。

ひと口に災害といっても、自然現象（天災：例えば気象・火山噴火・地震・地滑り）の変化による自然災害（天災）、人為的な原因による事故（人的災害・人災：例えば交通事故、原子力事故、犯罪被害）などがあります。

また、後者の事故・人災には次のようなものがあげられます。

◆損害、犯罪被害、テロ事件、戦災

◆交通事故、列車事故、飛行機事故

◆産業災害　など

これらの災害（天災・人災）を未然に防ぐために、私たちは様ざまな施策・行為を実施しています。中でも建設業で働く私たちにとっては、「産業災害（労働災害を含む）」によって損傷や損害を被る可能性は少なくないといえます。

1 1 安全衛生の重要性

私たちが生活していく上で、守らなければならない最も重要なことの１つに「人命尊重」があげられます。

建設業は全産業の中で、労働災害の死亡率は約３割を占めるほど発生率が高くなっています。これは、

① 自然条件の影響を受けやすい

② 請負関係が重層で混在作業が多い

③ 一品受注生産で工事毎に作業場所・内容が変わる

などが主な原因といわれています。

21 世紀の新しい時代に、建設業は活力と魅力ある産業として更なる発展を遂げるために、「人命尊重」のもと、現場の安全衛生確保対策をより一層強力に推進し、労働災害や業務上疾病を防止し、誰もが安心して働くことができる環境づくりを行うことが必要不可欠です。ここに「安全第一」という、労働上・仕事上の基本理念の大切さが生まれてきます。

また、労働災害は１つの原因によって発生するのではなく、多くの場合いくつもの原因が複合して起きるものです。

したがって、労働災害を防止するためには作業をする前にすべての原因を発見して取り除くことが重要です。常に職場のすみずみまで目を光らせ、事前に危険の芽を取り除かなければならず、現場で働いている全員が一致団結して災害防止に努めていかなければなりません。

1 2 企業の四大責任

建設現場において、企業活動に伴う労働災害や工事事故、公衆災害などで人的・物的損害が発生し、現場検証等の調査の結果、何らかの責任があると認められた場合、発生の原因者（加害者）に法的な制裁が加えられることになります。この場合、被害者が存在しない場合であっても社会の秩序維持のために法的制裁が加えられることがあります。

このような制裁を受ける法的責任には、**刑事的責任・行政的責任・民事的責任**があり、このほかに、法的責任は問われないが社会的制裁を受ける**社会的責任**を加え、**「企業の四大責任」**とされています。

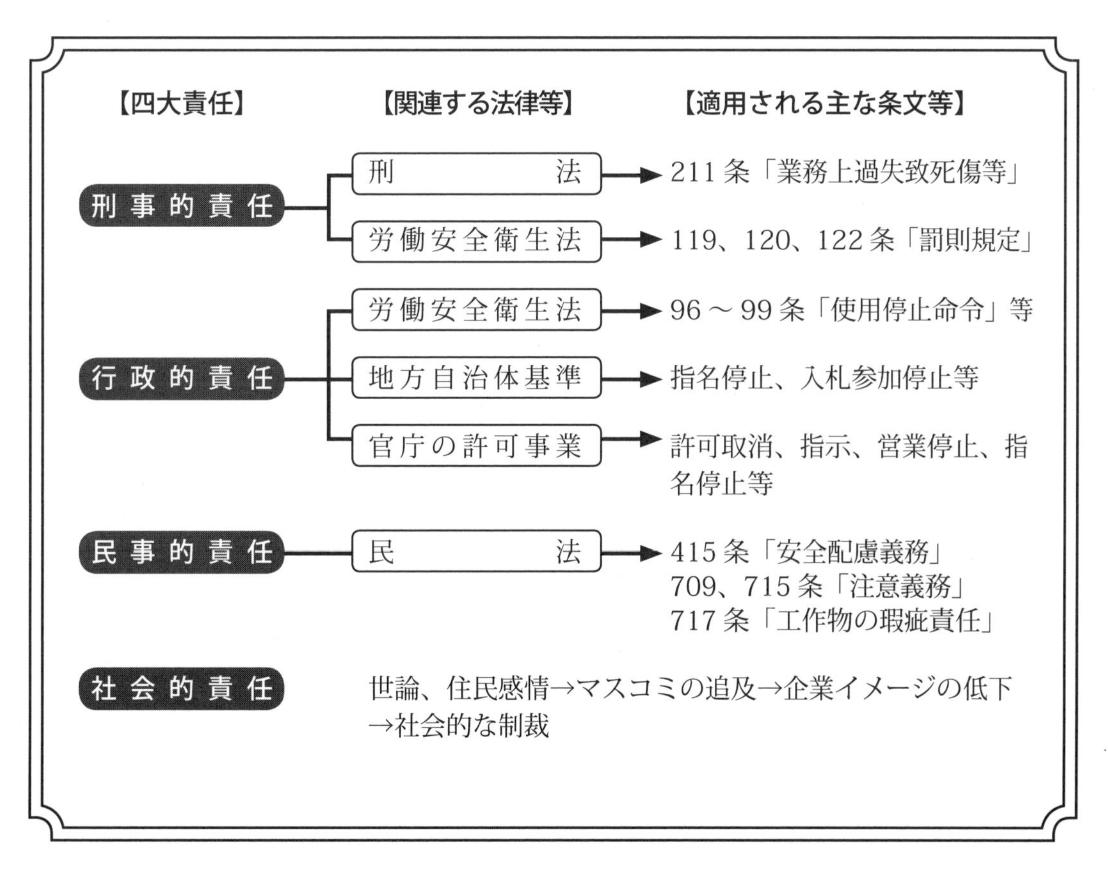

【四大責任】	【関連する法律等】	【適用される主な条文等】
刑事的責任	刑法	211条「業務上過失致死傷等」
	労働安全衛生法	119、120、122条「罰則規定」
行政的責任	労働安全衛生法	96～99条「使用停止命令」等
	地方自治体基準	指名停止、入札参加停止等
	官庁の許可事業	許可取消、指示、営業停止、指名停止等
民事的責任	民法	415条「安全配慮義務」 709、715条「注意義務」 717条「工作物の瑕疵責任」
社会的責任	世論、住民感情→マスコミの追及→企業イメージの低下→社会的な制裁	

（1）刑事的責任

死亡災害等の重大な災害、事故（公衆災害を含む）が発生したとき、それは誰の過失（責任）なのかが問われます。

① 刑法上の責任

加害者としての過失が明らかになったとき、作業員あるいは元請の管理監督者などの**個人**が刑事責任を問われます。この場合、刑法第 211 条「業務上過失致死傷等」が適用されます。

> **◆ 過失とは**
>
> ある事実を認識、予見することができたにもかかわらず、注意を怠って認識、予見をしなかった。
>
> あるいは結果の回避が可能だったにもかかわらず、回避するための行為を怠った。
>
> 日常的用語で表すと、不注意、誤り、失敗。
>
> **◆ 業務上過失の業務とは**
>
> 各人が社会生活上の地位に基づいて、反復継続して行う行為であり、かつ、その行為は他人の生命・身体等に危害を加える恐れのあるもの。

② 労働安全衛生法上の責任

この法律の遵守義務者は**「事業者」**であるため、法人企業の場合は、その「法人」、個人企業であればその「事業経営者」が責任を負います。

しかし、法人は自然人ではないため、実際に義務を遂行する代表者すなわち社長が事業責任者ということになります。

したがって、法律違反があったときは最初に事業責任者である経営トップの責任が追及されます。しかしながら、企業規模によっては社長がすべてのことを行うのは不可能であり、現実には作業所長などの管理監督者に責任と権限を委ねていますので、この場合、その管理監督者が労働安全衛生法上の危険防止、管理等の義務と権限を有する措置義務者となります。

もし、労働災害が発生した場合、前述のとおり行為者である「作業所長又は担当職員等」などの管理監督者が処罰されます。それと同時に安衛法第 122 条によって「法人」も同様の処罰を受けます。これを「両罰規定」といいます。

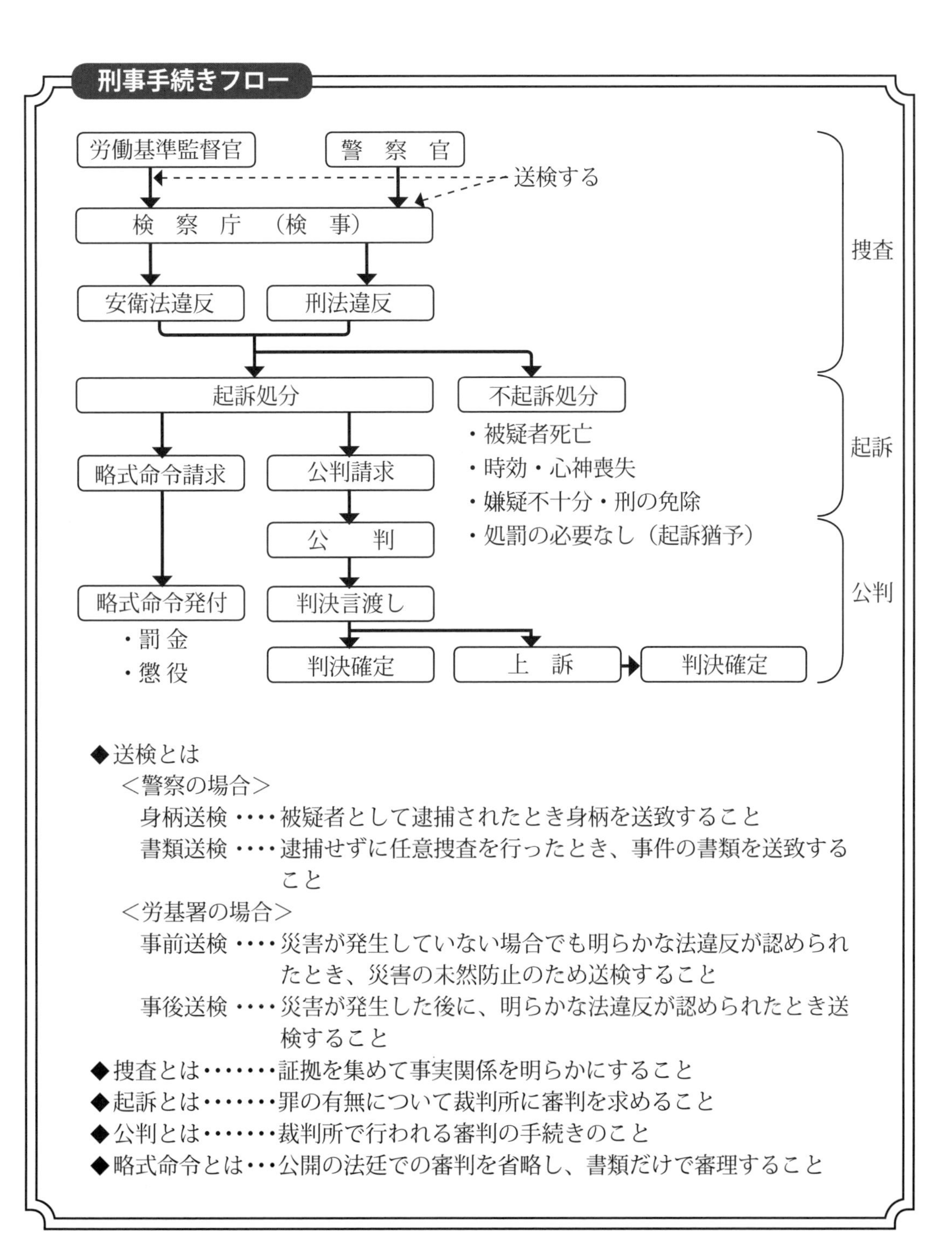

◆送検とは
＜警察の場合＞
身柄送検 ‥‥被疑者として逮捕されたとき身柄を送致すること
書類送検 ‥‥逮捕せずに任意捜査を行ったとき、事件の書類を送致すること
＜労基署の場合＞
事前送検 ‥‥災害が発生していない場合でも明らかな法違反が認められたとき、災害の未然防止のため送検すること
事後送検 ‥‥災害が発生した後に、明らかな法違反が認められたとき送検すること
◆捜査とは‥‥‥‥証拠を集めて事実関係を明らかにすること
◆起訴とは‥‥‥‥罪の有無について裁判所に審判を求めること
◆公判とは‥‥‥‥裁判所で行われる審判の手続きのこと
◆略式命令とは‥‥公開の法廷での審判を省略し、書類だけで審理すること

（2）行政的責任

① 労働安全衛生法上の行政処分等

労働安全衛生法は建設物、設備等に関し、労働者の危害を防止するために必要な措置を定めており、この法律に違反した事実があるときは、都道府県労働局長または労働基準監督署長が是正の勧告あるいは使用停止等により設備等の改善を命令します。

またこの時、法令違反の事実がない場合においても、災害発生の急迫した危険があり、かつ緊急の必要があるときは、必要な是正措置を講ずるよう命令を行うことがあります。

この命令には、使用停止命令、変更措置命令、避難命令、立入禁止命令、作業停止命令等があり、これに違反した場合には罰則が適用されます。

このほかに労働基準監督官が司法権限と併せ、行政権限の範囲に属する指導票を交付することもあります。指導票については特に罰則はないものの、勧告に準じて是正するようにしなければなりません。

② 建設業法上の行政処分

労働災害に関連し、建設業法第 28 条に規定する「指示及び営業の停止」に該当する場合と「指名回避又は指名停止」制度に該当する場合があります。

また、建設労働者の保護規定の徹底を図るため、労働基準法、労働安全衛生法等に違反した事業者に関する事項を建設・労働両行政機関において相互に通報し合う**「相互通報制度」**があります。

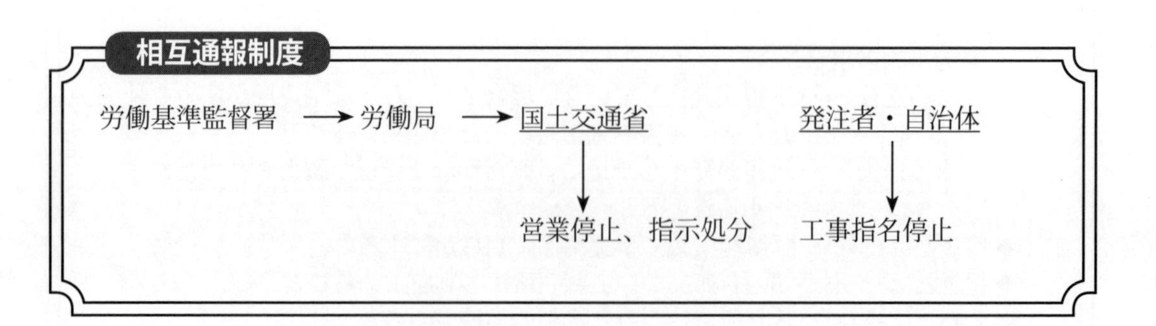

(3) 民事的責任

民事的責任とは被害者が被った損害を回復、またはその損害を補填するために加害者と被害者との間でその負担を公平に行うことで、被害者の救済を図るものです。

労働災害においては労災保険法に基づく法定補償制度がありますが、近年では労働災害に伴う財産的損害および精神的損害などについて、被災労働者あるいは遺族から使用者等に請求するケースが一般的になっています。

民事事件では過失相殺、損害寄与率で損害の分担割合が決められ、刑事事件のような「白あるいは黒」の判断に対し、中間の灰色のような結果になります。

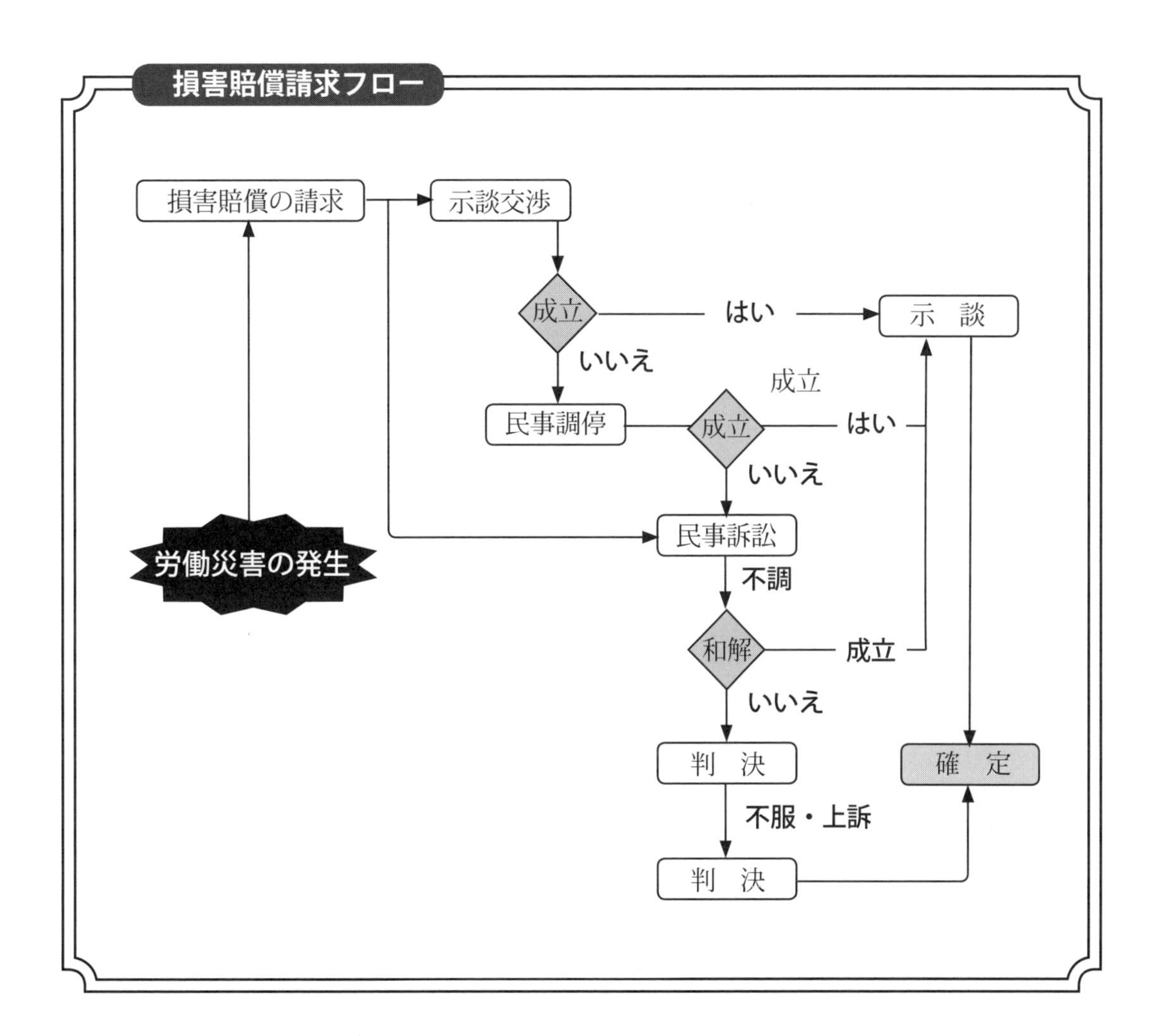

（4）社会的責任

建設業は、国または都道府県の許可事業であると同時に社会的環境、世論および住民感情などの影響が大きく、まさに社会的合意なしでは経営が成り立たない状況になっています。

このように建設業は「社会的企業」であって、その責任が一層要求されるものとなり、重大な労働災害や公衆災害などが多発するような建設会社は、もはや企業としては存立させておくわけにはいかないという結果になります。

これからの時代、企業は社会とのつながりを重視した経営の透明化・コンプライアンスといった企業倫理の確立・徹底が何よりも重要なことになってきています。

●重篤な事故・災害が発生した場合の企業に与える主な責任と影響

- 被災者本人に身体的、精神的苦痛を与えたことへの責任
- 被災家族または遺族に経済的、精神的苦痛を与えたことへの責任
- マスコミ等の報道による企業イメージの悪化
- 営業活動への影響　・工事施工への影響　・労働者採用への影響　など

●事故・災害発生時の主な措置

- 被災者の救出と緊急搬送措置（重大災害のときは、警察、消防、労働基準監督署、地方自治体等と共同救出）
- 現場の保存と二次災害の防止措置
- 所轄の警察署、労働基準監督署、発注者、地方自治体への連絡
- 被災者家族等への連絡・対応　・顧客への報告・連絡
- マスコミ、近隣住民等への対応　・調査復旧と再発防止対策の実施　・その他

各企業、危機管理体制・手順については、すでに構築されていると思われますが、内容が形骸化していたり、有事の際に有効に機能しない場合も少なくありません。企業の社会的責任が広く問われてきているなか、こうした危機管理体制も定期的に見直しを行って整備し、万一の事故・災害の発生に備えておくことが、自己防衛のうえでも、また、あわせて社会的責任を果たすうえでも、大切なことといえます。

第2章

建設業の労働災害の動向と課題

2-1 労働災害の現状

（1）全産業に占める建設業の災害発生割合

全産業と建設業の労働災害の推移は**下図**に示すとおりです。

死亡並びに死傷者数の推移（昭和 39 年～令和 2 年）

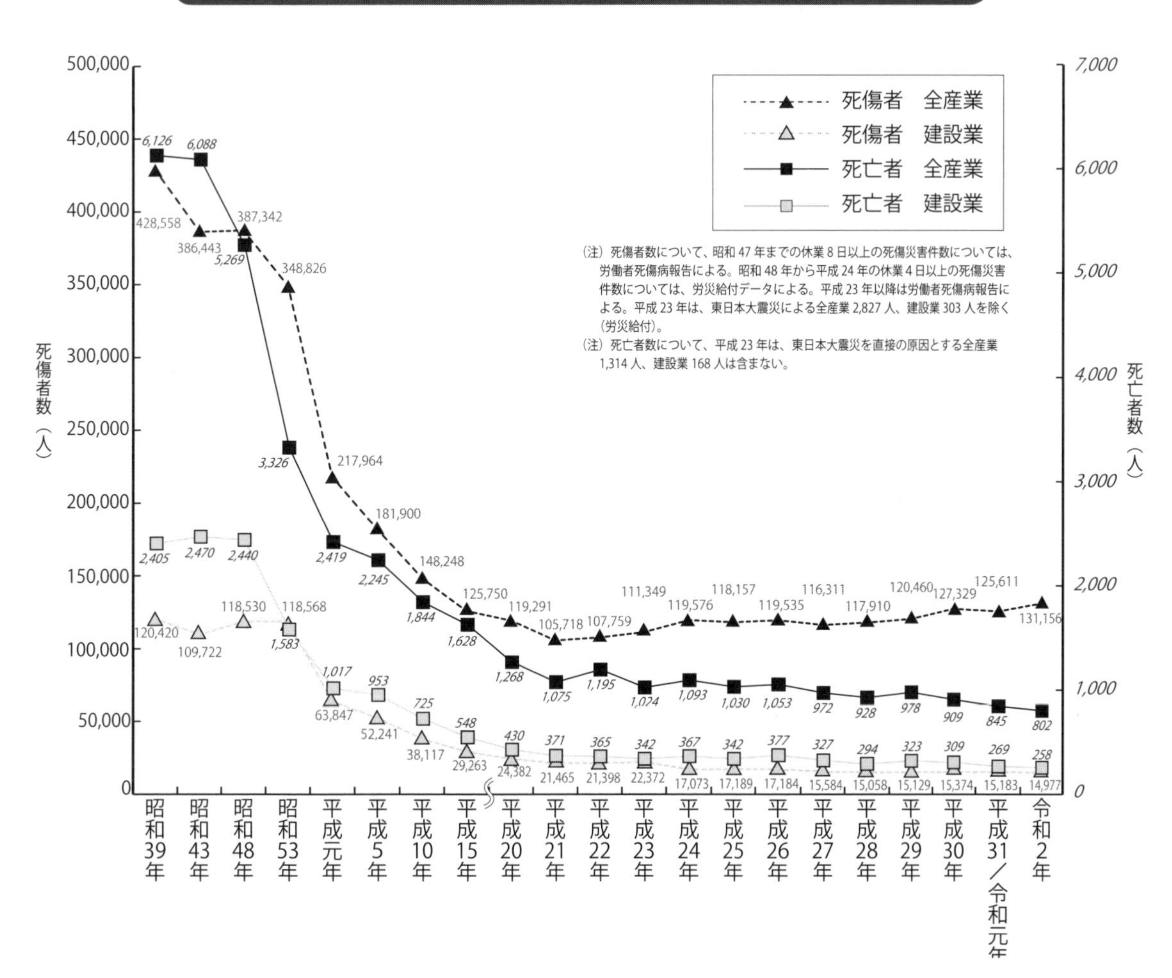

建設業における労働災害は、関係者の弛まぬ努力により、長年にわたり着実に減少してきており、令和2年の建設業における休業4日以上の死傷災害は14,977人と、前年に比べて206人（1.4%）減少しました。そして死亡災害は258人で、前年に比べて11人（4.1%）減少し過去最少となりました。

一方、全産業の就労者約6,664万人のうち、建設業の占める割合は約7.4%で（約491万人）で、建設業における死亡災害は全産業の中で32.2%、死傷災害は11.4%となっており依然として高い比率を占めています。

令和2年の建設業における労働災害の分析

建設業における死亡災害の発生状況は、墜落・転落災害は95人（全体の約36.8%〔前年は40.9%〕）、建設機械・クレーン等災害は103人（39.9%〔前年は34.9%〕）、倒壊・崩壊災害は27人（10.5%〔前年は12.6%〕）となりました。

これらいわゆる三大災害は依然として高い比率を占めています。

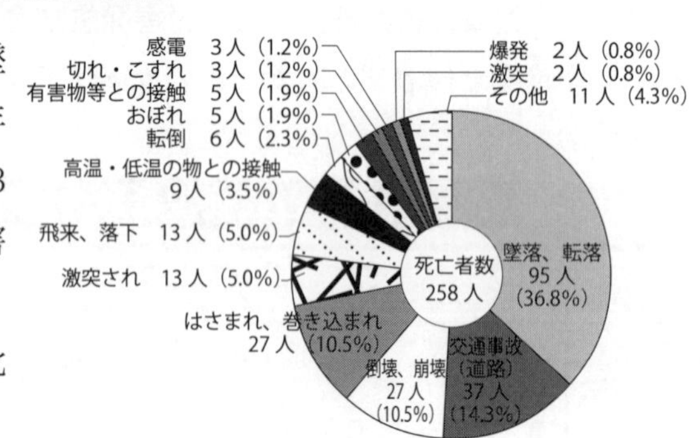

（2）最近の死亡災害発生の割合について

建設業で三大災害とは「墜落・転落災害」「建設機械・クレーン等災害」「倒壊・崩壊災害」をいいますが、最近は交通事故による自動車等の災害が発生割合の上位を占める傾向にあります。

● **「墜落・転落災害、建設機械・クレーン等災害、倒壊・崩壊災害」**（三大災害）

●墜落・転落災害―――― 95人（36.8%）

●建設機械・クレーン等災害―――― 103人（39.9%）

●倒壊・崩壊災害―――― 27人（10.5%）

① 墜落・転落災害による死亡災害の作業場所別発生状況

墜落した場所は屋根、はり、もや、けた、合掌からが22人（23.2%）で最も多く、次いで足場からと建築物・構築物からそれぞれ17人（17.9%）となっています。

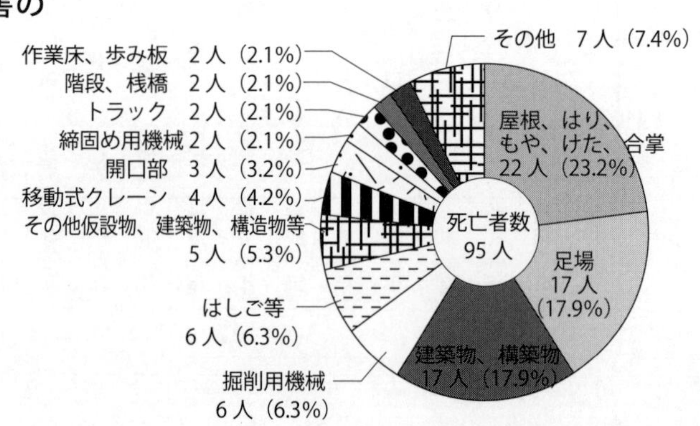

② 建設機械・クレーン等による死亡災害の発生状況

建設機械等の死亡災害では乗用車、バス、バイクの災害が22人（21.4%）と最も多く、以下、トラック、掘削用機械、移動式クレーンの順になっています。

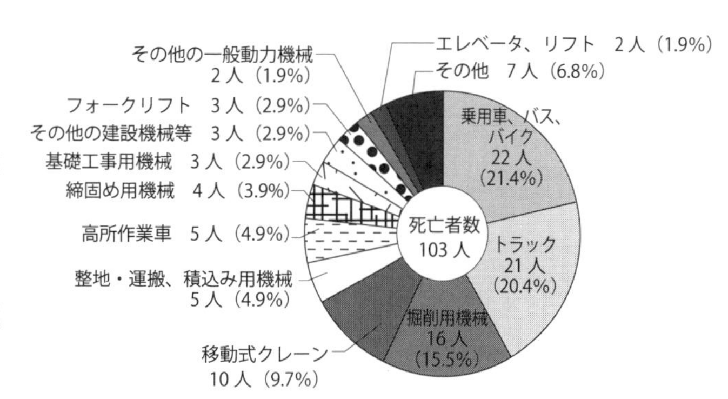

③ 倒壊・土砂崩壊等による死亡災害の種類別発生状況

倒壊、土砂崩壊等の死亡災害は、地山、岩石、金属材料の崩壊を合わせて15人で、倒壊・崩壊災害全体の55.56%を占めています。

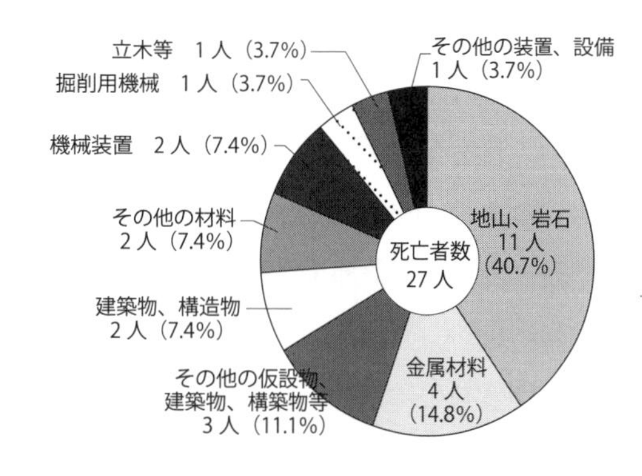

2-2 建設業の抱える課題

（1）高齢者問題について

高齢者とは何歳からを指すのでしょう？

WHOの定義では65歳以上の人をいいます。建設業でははっきりした定義はないようですが、あるアンケートで「何歳以上の人が高齢者と思うか」と聞いたところ、一番多かったのは65歳以上でした。

建設業の技能労働者の年齢構成は45歳以上が全体の過半数を占め、その過半数が55歳以上となっています。団塊の世代が60歳台に達し、今後、順次現役を引退していく中で、技術の伝承が危ぶまれるだけでなく、他産業と同様に建設業に従事する技能者の高齢化に伴う災害が多くなってきています。

厚生労働省の統計では**50歳以上を高年齢労働者**として集計していますので、これに沿って説明します。

① 令和２年に見る高年齢労働者の死亡災害（全産業）

厚生労働省の労働災害による死亡災害の被災者の中で、50 歳以上の占める割合は、令和２年では 62.8％（802 人のうち 504 人）となっています。

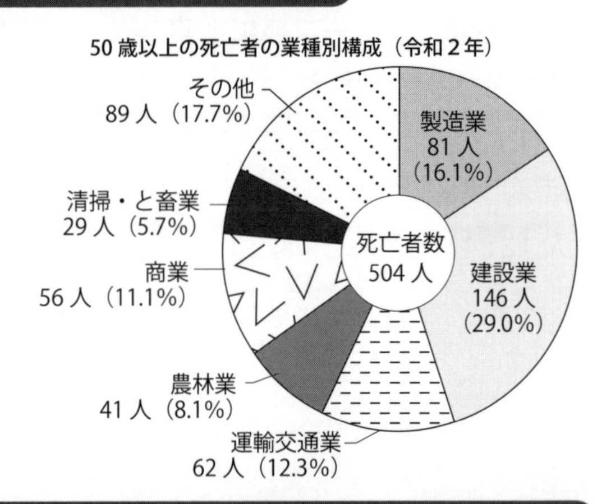

② 年齢別・工事の種類別死亡災害発生状況（建設業・令和２年）

年齢別にみると 50 歳以上の被災者が 146 人と全体の 56.6％を占めており、その中でも 60 歳以上が 87 人（33.7％）となっています。

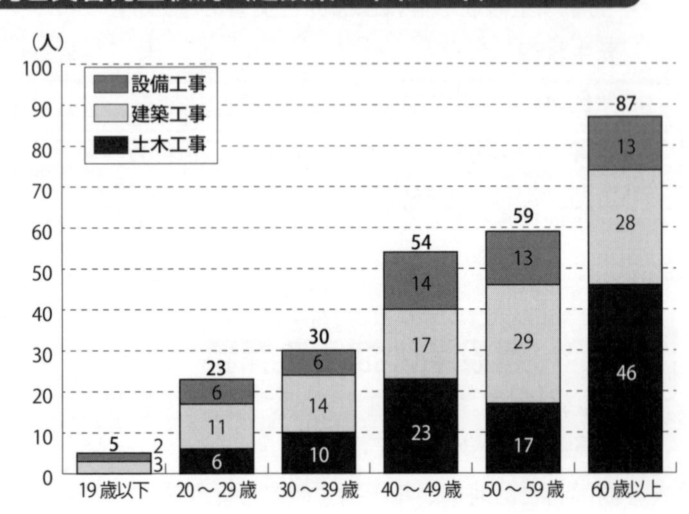

建災防「安全衛生早わかり　令和２年度版」

（2）新規入場者の被災状況

現場入場１週間での災害が多く見られ、経験年数の長い熟練者でも災害に遭うケースが多く、これは現場ごとで作業環境が変わる点や人間関係による部分の影響があると思われます。

入場１日～７日の間での死亡災害（226 人）は全体の約 49%を占めており、また墜落・転落災害は入場初日から１週間でも発生割合が高いことがわかります。

平成27年新規入場者死亡災害発生件数（人）

	墜落、転落	転倒	飛来、落下	崩壊、倒壊	激突され	はさまれ、巻き込まれ	おぼれ	高温・低温の物との接触	有害物等との接触	感電	火災	交通事故（道路）	その他	合計	割合（%）
初日	31	4	3	3	5	5	1	3	3	4	0	7	2	71	21.71
2日目	17	0	2	0	3	2	0	4	1	1	0	1	1	32	9.79
3日目	8	1	0	2	2	2	0	2	0	0	1	1	0	19	5.81
4日目	7	0	0	0	0	3	1	0	0	0	0	3	0	14	4.28
5日目	5	0	0	0	1	1	0	0	1	0	0	1	0	9	2.75
6日目	1	0	0	0	1	2	0	0	0	0	1	0	0	5	1.53
7日目	3	0	1	2	1	0	0	0	0	0	1	0	0	8	2.45
2～7日計	41	1	3	4	8	10	1	6	2	1	3	6	1	87	26.61
その他	56	6	19	13	16	19	2	3	2	3	3	15	12	169	51.67

（3）重層下請問題について

最近は偽装請負の問題が取り上げられていますが、建設業が製造業と異なる点は、元請から請け負った下請がそれぞれの専門職種に分かれて請け負うため、複数の下請が1つの場所（現場）で工事を行うことです。

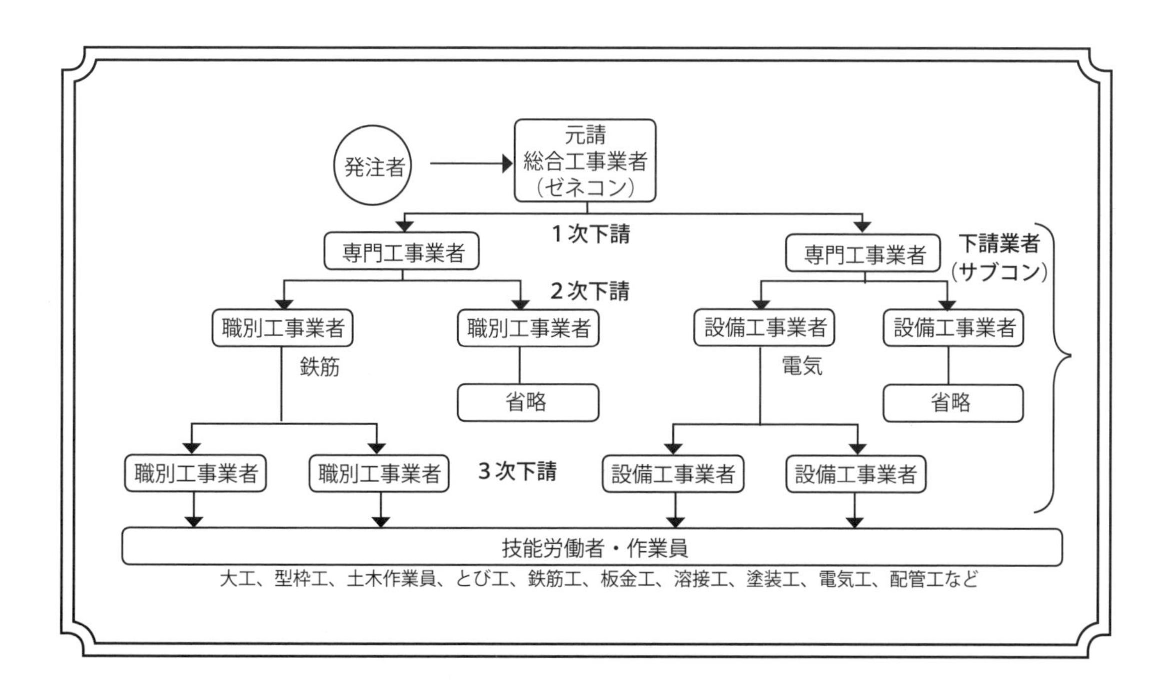

前図に示すように、発注者から工事を請け負った元請は、工事の段階や種類ごとにそれぞれ専門業者（１次下請）に発注します。この１次下請がさらに別の専門業者（２次下請）に発注し、さらに別の専門業者（３次下請）に発注するといった形態（構造）を重層下請といいます。

では、なぜこのような契約形態をとるのかというと、

① 工事量が契約ごとに異なり、一社では多岐にわたる労働力や機械を常時維持することが困難であること

② 工事ごとに人や資機材を現地で調達する方が低コストであること

③ 工事の種類や技術が専門化し、一社で全ての知識や技術をまかなうことが不可能であること

これにより、元請による下請間の連絡調整が必要となりますが、下請が重層となっているため元請の指示が末端の作業員まで伝わりにくくなり、ここに災害が発生しやすい原因があるといえます。

（4）業務上疾病とは

現場で起きた災害により負傷した場合（業務上の負傷）には、当該現場における作業に起因して発生した災害のほか、長年にわたり一定の業務（建設工事）に従事し、それに起因して疾病に罹患するものと、有害な物や環境にさらされて発症するもの（劇症型）があります。中には、一度発症すると完治することが不可能なものもあります。

建設業における業務上疾病発生状況の推移（平成 24 年～平成 31/ 令和元年）

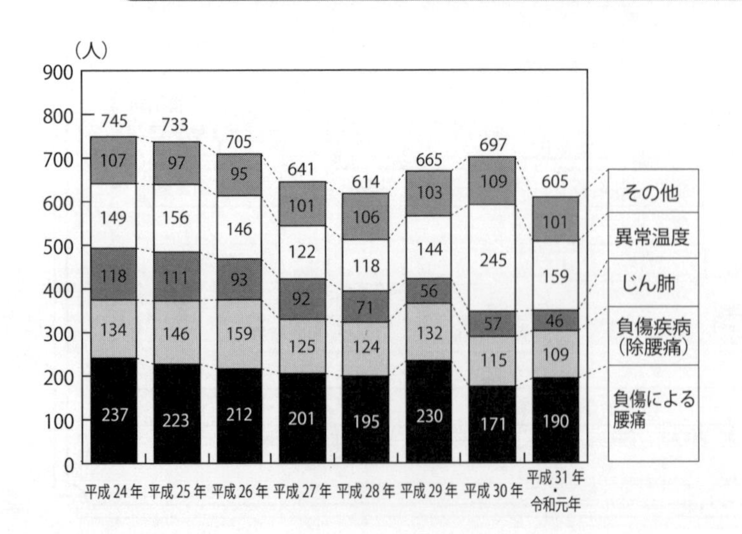

最も多い負傷による腰痛と負傷疾病（除腰痛）が全体の約 49.4％を占め、次いでじん肺症等が全体の約 26.3％を占めています。

① 粉じん障害（じん肺症）について

建設業におけるじん肺症は、トンネル工事での坑内作業、石綿を含有する建物の解体・改修作業、コンクリートカッター・はつり作業、アーク・ガス溶接作業、グラインダー作業等に長年従事することにより発症します。

これは、粉じんが肺に蓄積されて徐々に肺が硬くなることで呼吸が困難になったり、肺がんを発症したりすることもあります。

現在までのじん肺症はトンネル工事によるものが多く見られますが、今後は石綿による中皮腫等に罹る人が多くなると思われます。

じん肺新規有所見者数の状況

（管理４とはじん肺健康診断の結果の区分で最も重い症状）

年	受診者数	有所見者数	有所見率（%）	有所見者のうち管理４
平成 27 年	249,759	1,935	0.8	15
平成 28 年	269,763	1,807	0.7	13
平成 29 年	262,056	1,684	0.6	9
平成 30 年	279,405	1,366	0.5	10
令和元年	318,984	1,211	0.4	13
令和２年	271,502	1,116	0.4	12

② 酸素欠乏症

令和２年における酸素欠乏症は、全産業で被災者数が 12 人、建設業は１人となっています。

酸素欠乏症の発生状況（平成27年～令和２年）

業種 / 年	全産業		建設業	
	被災者数	死亡者数	被災者数	死亡者数
平成 27 年	9	6	2	1
平成 28 年	13	4	3	0
平成 29 年	5	5	1	1
平成 30 年	7	6	0	0
平成 31/ 令和元年	5	5	1	1
令和２年	12	8	1	1

③ 振動障害・騒音障害

平成31/令和元年度の全産業の振動障害労災新規認定数は285人、建設業は150人（52.6%）と高い割合となっています。

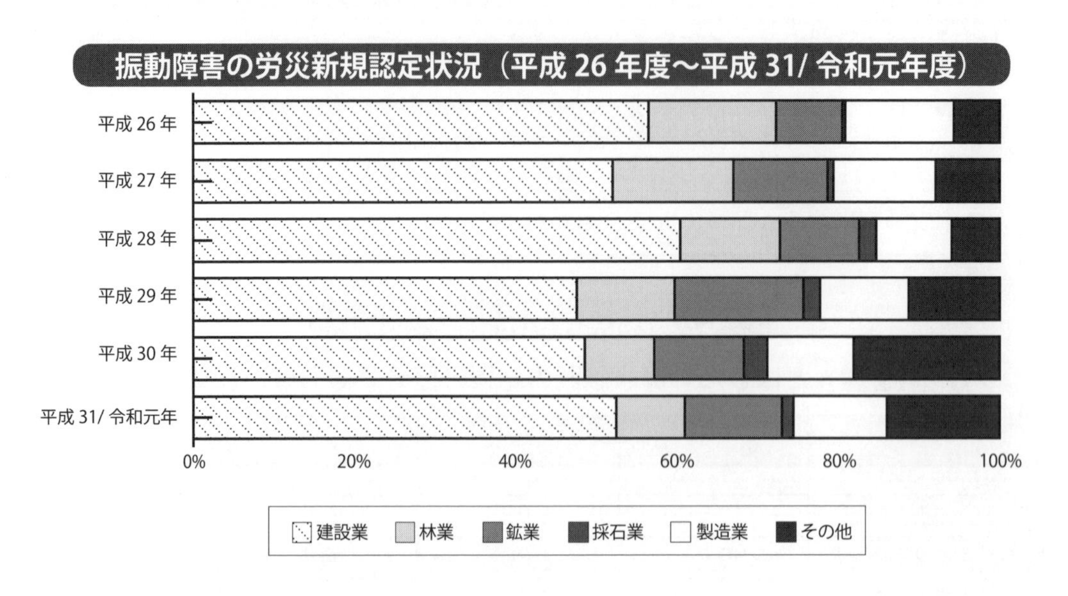

資料：厚生労働省「業種別・年度別振動障害の労災新規認定者数調査」
※各年度中に新規に支給決定を行った者の業種別人数

④石綿

石綿による肺がんおよび中皮腫の労災新規認定状況（平成29年度～令和2年度）

年度	平成29年度		平成30年度		令和元年度		令和2年度	
区分 業種	肺がん	中皮腫	肺がん	中皮腫	肺がん	中皮腫	肺がん	中皮腫
建設業	178 (53.1%)	292 (51.8%)	214 (56.9%)	312 (58.4%)	238 (63.8%)	356 (55.6%)	204 (60.5%)	315 (51.8%)
全産業	335	564	376	534	375	641	337	608

資料：厚生労働省「石綿による疾病に関する労災保険給付などの請求・決定状況まとめ（速報値）」
注：1．（　　）は、全産業に占める建設業の割合
2．「石綿による健康被害の救済に関する法律」に基づく特別遺族給付金の新規支給決定者数は除く。
3．令和元年度以前は確定値である。

⑤熱中症

令和2年は、建設業において7人の死亡となり、全産業の3分の1の31.8%を占めている。

熱中症による死亡災害発生状況（平成22年～平成31/令和元年）

区分／業種	平成23年	平成24年	平成25年	平成26年	平成27年	平成28年	平成29年	平成30年	平成31/令和元年	令和2年
建設業	7	11	9	6	11	7	8	10	10	7
全産業	18	21	30	12	29	12	14	28	25	22

⑥有機溶剤中毒

建設業における有機溶剤中毒の発生割合は製造業に次いで多く、製造業、建設業を合わせて全体の約88%を占めています。

有機溶剤中毒の発生状況（平成23年～27年）

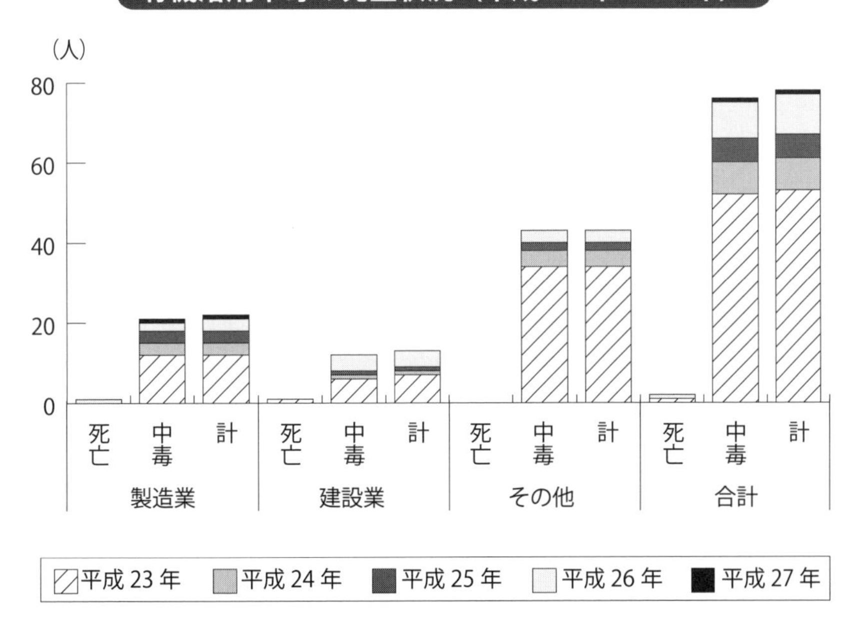

⑦ 一酸化炭素中毒

一酸化炭素中毒の発生は建設業が最も多く、全体の約 36% を占めています。

一酸化炭素中毒の発生状況（平成 23 年～ 27 年）

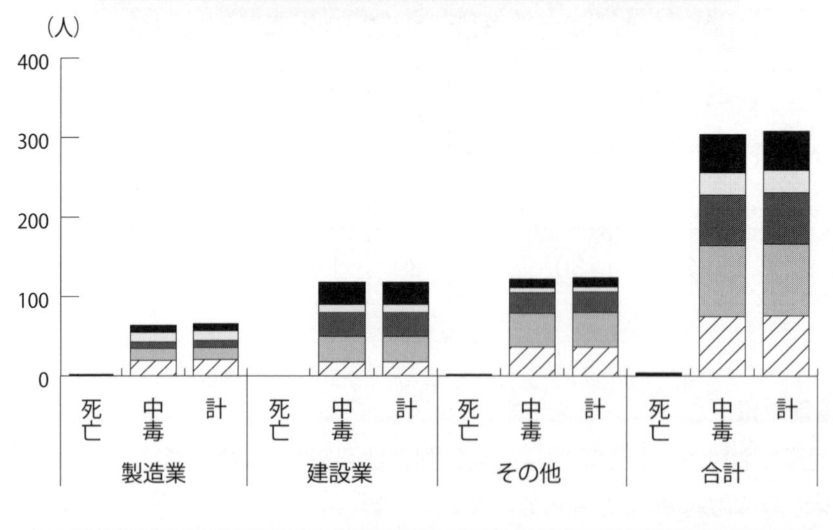

このほかの疾病として、腰痛、酸・アルカリ障害、アーク溶接（しゃ光）障害、化学物質関連のものがあります。それぞれの作業に合った保護具の正しい使用や対策を講じて、業務上の疾病から身を守らなければなりません。

第3章

災害発生の原因

3 1 労働災害発生のメカニズム

（1）労働災害には全て原因があって、その結果として災害が発生します。

① 直接原因として ―▶ **不安全状態**（物）、**不安全行動**（人）

② 間接原因として ―▶ 人的・物的対策、規則・基準、評価体制、管理・監督などでの欠陥（管理）

（2）人間の行動災害

人間の行動災害は不注意（エラー）と不安全行動に大別できます。

① **不注意（エラー）** ―▶ 無知、未熟練、錯覚、パニック、心配事、疲労など

◆注意が不注意に変動したときや、危険な作業・状態と重なり合ったときに事故や災害が発生する。

② **不安全行動** ―▶ 危険軽視、慣れ、近道行為、省略、悪習慣など

◆「危ない」と知りながら危険な行動をする。

（3）労働災害の４つの状態

厚生労働省は、平成14年に建設業労働災害の分析を行っています。その中で、不安全行動と不安全状態の面から分析したデータを以下に示します。

平成23年休業4日以上の死傷者数16,727人に対しての分析によると

① 不安全状態と不安全行動の組み合わせ	10,484人	62.7%
② 不安全行動のみ	983人	5.9%
③ 不安全状態のみ	2,249人	13.4%
④ どちらでもないもの	3,011人	18.0%

（安全衛生情報センター労働災害統計「労働災害原因要素の分析」H23年度建設業）より

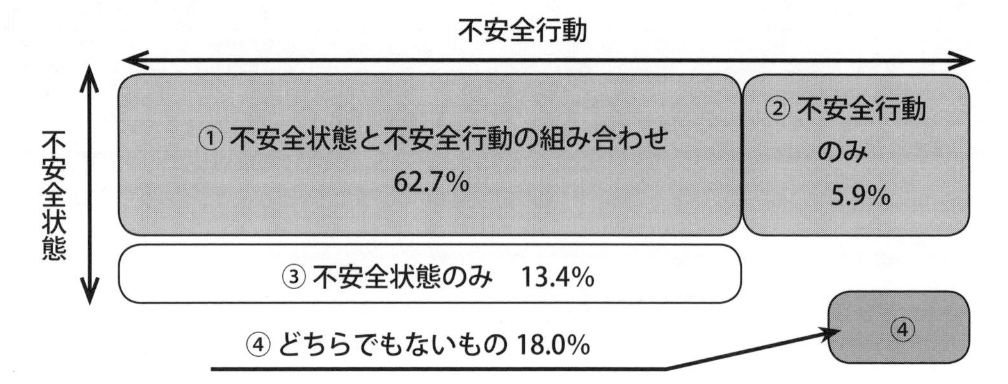

従って、**不安全状態（物的要因）、不安全行動（人的要因）をなくせば、82.0%も労働災害を防ぐことが可能になります。**

3 2 災害事例から見た災害要因

災害事例

ある建設現場の２階スラブ開口から左官工が墜落した。

当日、２階のスラブ型枠を解体することになっており、型枠を脱型すると開口部となってしまうダメ穴については、２階の周囲に手摺を設置してからスラブ型枠を脱型し、資材を揚重することとしていたが、手摺を設置する前に型枠を脱型して資材の揚重をしてしまった。手摺を取り付けようとしたが、その場に資材が無かったため、型枠解体工は放置して資材を取りに行った。そのため見張り員なしに放置された。

一方左官工は午前中は別の場所で作業をし、午後から２階の壁補修の予定であったが、午前中の作業が早く終わったため２階での作業にやって来た。作業を開始しようとしたところ、放置されていた開口部から墜落した。

（1）元請（統括安全衛生責任者）管理に起因するもの

① 作業間の連絡および調整

１つの作業場で複数の業者が同時に作業を行う場合は、元請が中心となり関係する下請業者全員が集まり、それぞれの作業内容、作業場所、作業時間の連絡および調整を行う必要があります。また、作業における危険有害要因を排除するための安全衛生指示を具体的に行う必要があります。

具体的には

災害事例にある２階での作業は午前中に型枠解体工が作業を行い、午後からは左官工が作業することを調整し、安全衛生指示として、開口部を放置させずに作業前に手摺を設置するか、見張り員を配置することを前日の工事打合せで決定します。

② 作業場の巡視

元請は、工事安全打合せどおりに作業が実施されているか、安全設備が有効に設けられているか、労働者が不安全な行動を行っていないか等を、１日に１回以上の巡視により確認する必要があります。

具体的には

２階開口部が型枠解体工によって放置されていないか、または放置されないように巡視時に型枠解体工に開口部養生について指示することが必要です。

（2）下請管理（安全衛生責任者、職長）に起因するもの

① 工事安全打合せへの出席

作業間の連絡および調整として開催される日々の工事安全打合せに出席し、翌日に予定する作業について報告し、他業者との連絡・調整を行います。

② 工事打合せの調整事項、安全衛生指示事項の周知

工事安全打合せで調整された作業予定、安全衛生指示事項を下請会社内の作業打合せで各作業員に確実に周知する必要があります。

具体的には

左官工事の安全衛生責任者（職長）は別の場所の作業を午前中に行い、２階の壁補修作業を午後に行います。２階では午前中、型枠解体工が開口部まわりで作業を行っていることを周知させます。

型枠解体工の安全衛生責任者（職長）は、開口部を作業後放置せず、スラブ型枠解体前に手摺を設置することを作業する型枠解体工に指示します。

③ 安全衛生責任者（職長）の作業中の巡視

安全衛生責任者（職長）は、作業中の作業方法について作業手順が守られているか、安全設備は適切か、作業保護具は使用されているか、安全指示事項は守られているか等を作業中の巡視で確認する必要があります。

具体的には

型枠解体工の安全衛生責任者（職長）は、昼前に開口部の養生実施について確認する必要があります。

3 3 不安全行動（作業員のルール無視等）

不安全行動とは、災害の直接原因となった作業員の**故意の行動**と定義されています。**ヒューマンエラーとは**、思い違いや勘違い等の**故意でない**人間の行動ミスと定義されています。両者の大きな違いは、故意の行為か故意でない行為かの意識の差です。

故意の行為は、行動規範や教育による安全意識の向上により防止が可能です。一方、故意でない行為は、間違いを起こした瞬間にミスを起こしていること自体を自覚しておらず、防止することは非常に困難といえます。

従って、災害を起こさないための現場（作業場所）での安全行動の基本は、以下の点にあります。

① 決められた職場のルールと作業手順を厳守する
→ルールを守れば、ルールが守ってくれる。

② 危険に対する感受性を磨く
→危ないと感じること。危ないことを放っておかないこと。

③ 危険な物、危険なことに対して、危険と声を出す勇気を持つ
→「あの時、声を掛ければよかった」では、遅すぎる。

④ 危険な状態と行動を徹底的に、取り除く
→危険を取り除いてから、作業を行う。

⑤ 快適な職場を目標に活動する
→工事関係者等の安全に対する自覚の向上。

（1）労働災害における経験則について

① ハインリッヒの法則

〔重傷〕以上の災害が1件あったら、その背後には、29件の〔軽傷〕を伴う災害があり、300件もの〔ヒヤリ・ハット〕した（危うく大惨事になる）傷害のない災害が起きていたことを示す法則です。（**1：29：300の法則**）

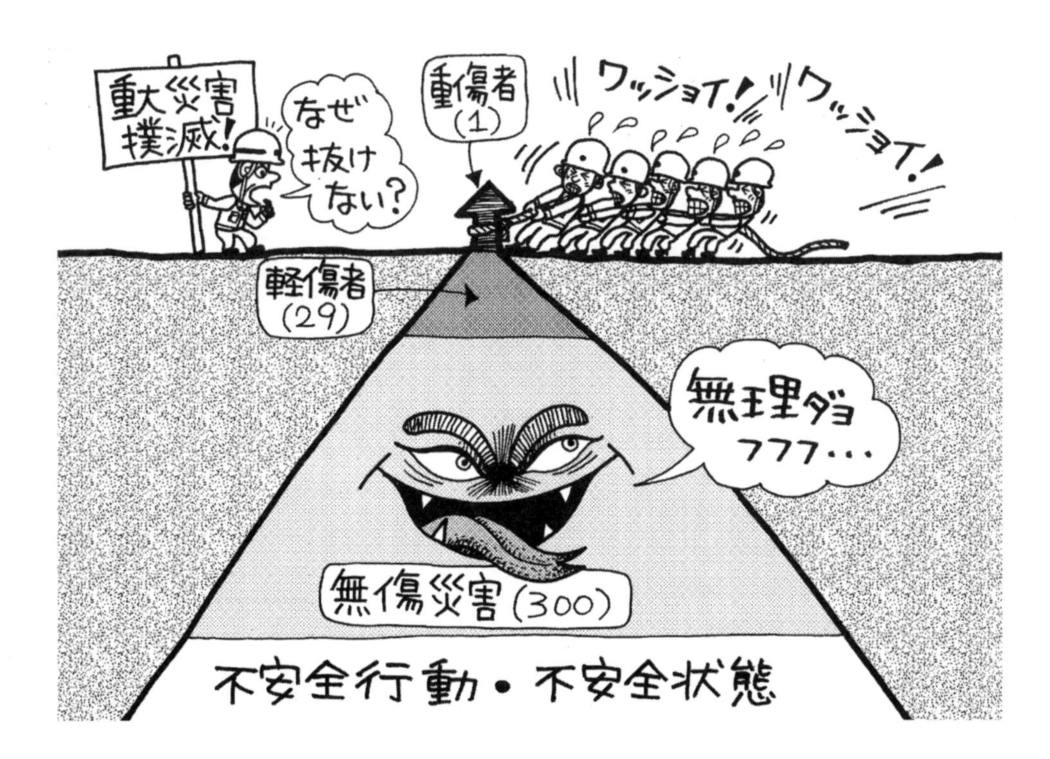

② ドミノ理論

災害要因を、

a　組織による管理不足

b　個々の被管理物の欠陥（使用する材料 , 設備 , 作業する環境 , 作業員等）

c　不安全な状態または行動

d　事故

e　災害

の 5 項目にまとめて、検討していくと、次のことが判明します。

《　いずれかが倒れると、次の図のように連鎖反応が起こり、災害になります。また、C の不安定な状態または行動を取り除けば、事故、災害は発生しません。　》

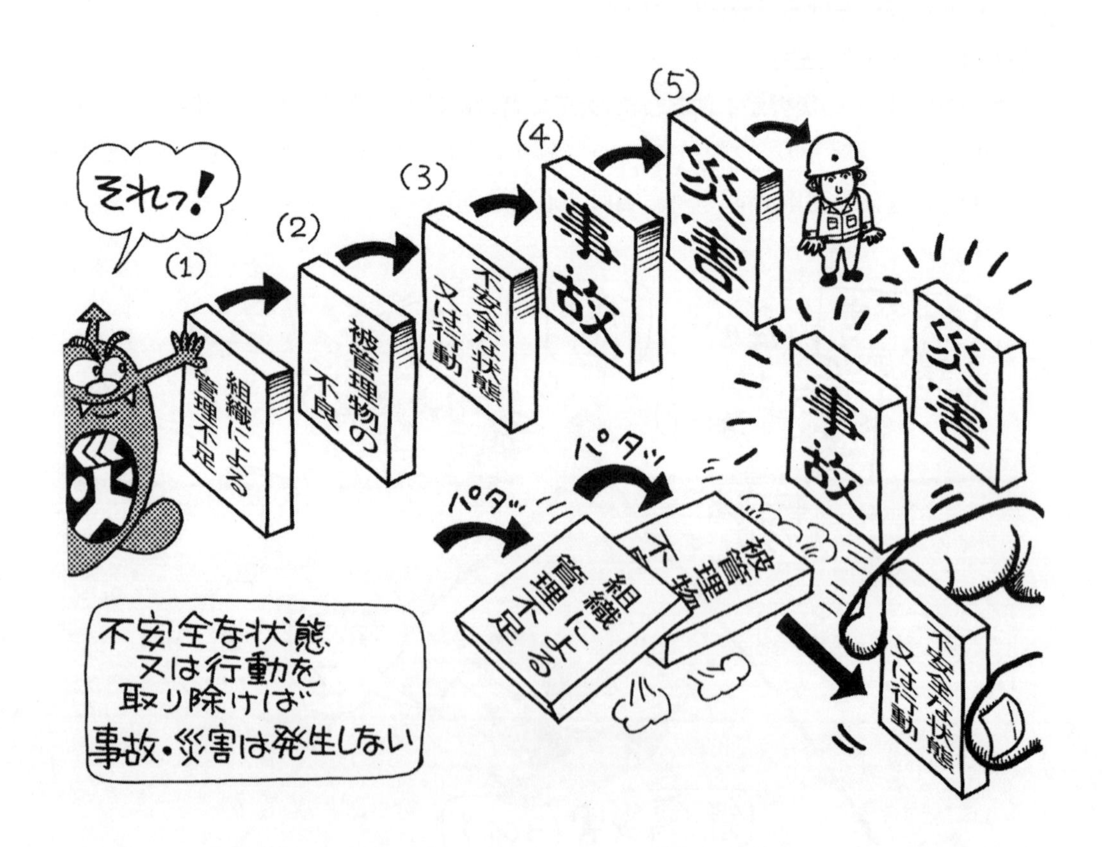

第４章

災害防止のための注意点

4 1 作業所における安全衛生管理体制（統括管理、混在する作業間の連絡調整と実施・確認の役割）

（1）作業所における安全衛生管理体制

　いろいろな業者が混在して作業をする現場で、それぞれの業者（各下請業者を含んで）が、自分の請負工事の進行を優先にして、勝手に作業を進めていったらどうなるのでしょうか？

　それでは、災害が起こる可能性が非常に高くなり、現場全体がとんでもない状態で、工事全体が立ち行かない状態になります。

　一般に建設工事は、元請業者、下請業者、再下請業者など請負契約関係にある事業者が同一の場所において、混在して作業をすることが多いのです。

　その混在作業において、労働災害を防止するために、それぞれの事業者が行う安全管理とは別に、その現場全体を統括的に行う安全管理を＜統括管理＞といい、元請に課せられた大きな役割となります。

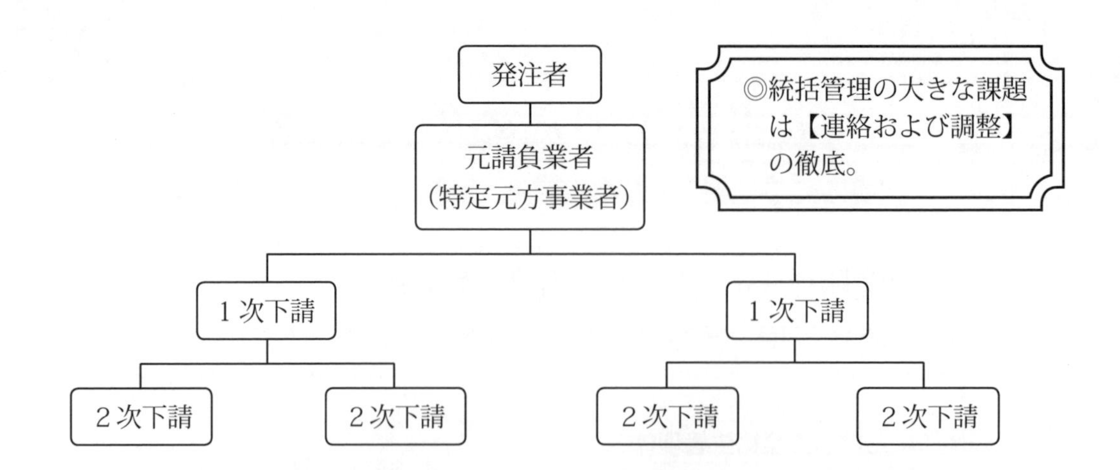

特定元方事業者とは？

元方事業者のうち、建設業、造船業の仕事を行う者。
（造船業も建設業と同様に、多くの専門工事業者＝下請が、混在して作業をするため）

元方事業者とは？

一の場所において行う仕事の一部を請負人（協力会社）に請け負わせ、自らも仕事の一部を行う最先次の注文者（元請）

特定元方事業者等の措置（安衛法第 30 条 1 項）

① 協議会の設置・運営
② 作業間の連絡調整
③ 作業場所の巡視
④ 協力会社が行う安全衛生教育の指導・援助
⑤ 工程計画および機械・設備の配置計画の作成、協力会社が作成する作業計画の指導
⑥ クレーン等の運転合図の統一
⑦ 非常時の際の警報の統一
⑧その他必要な事項

（2）作業所における統括管理体制

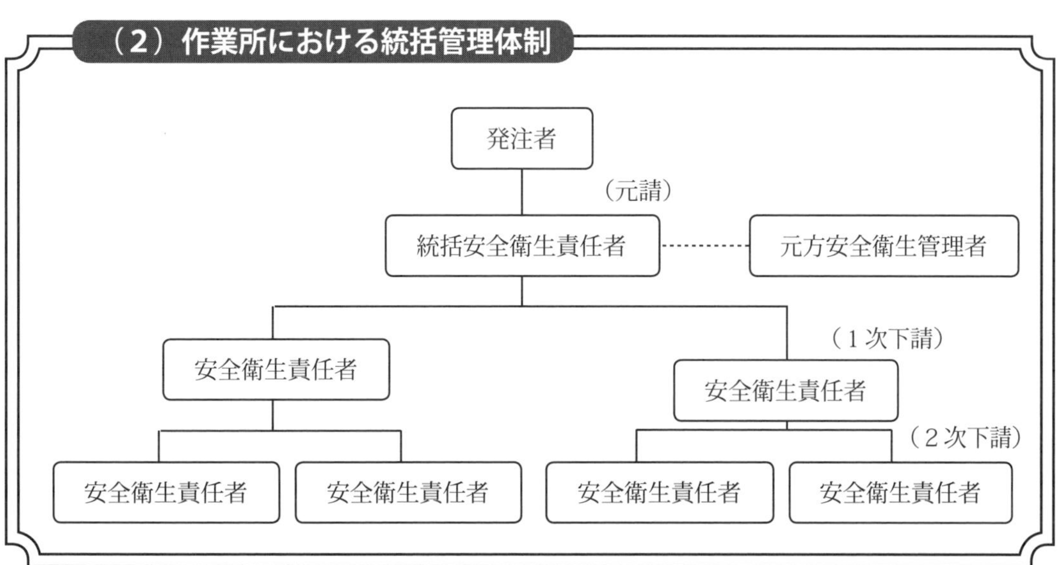

元方事業者の労働者と各請負人の労働者数の合計が50人以上となる作業所では、特定元方事業者は統括安全衛生責任者を選任し、作業所全体を統括管理させなければならない。

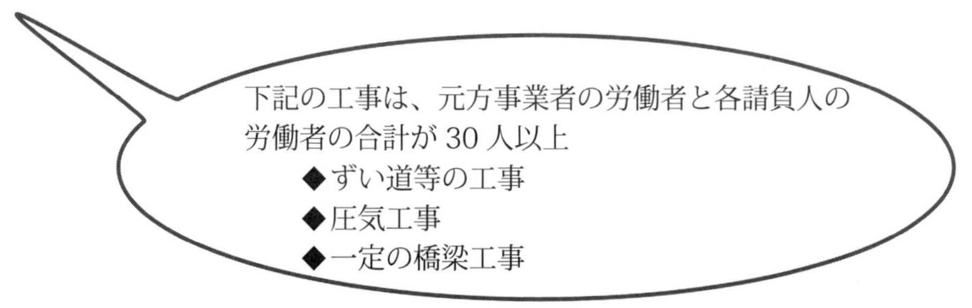

下記の工事は、元方事業者の労働者と各請負人の労働者の合計が30人以上
◆ずい道等の工事
◆圧気工事
◆一定の橋梁工事

統括安全衛生責任者の職務（安衛法第 15 条）

統括安全衛生責任者が統括管理すべき事項は、前述の特定元方事業者が実施する措置の他に

① 元方安全管理者を指揮すること
② 救護技術管理者を指揮すること

があります。

元方安全衛生管理者の職務（安衛法第 15 条の 2）

統括安全衛生責任者の指揮を受けて、統括安全衛生責任者が統括管理すべき事項のうち、**技術的事項を管理**しなければなりません。「技術的事項」とは、安全または衛生に関する具体的事項をいうものです。

安全衛生責任者の職務（安衛法第 16 条）

元請の統括安全衛生責任者が選任された場合には、各協力会社は安全衛生責任者を選任し、次の事項を行わなければなりません。

① 統括安全衛生責任者との連絡
② 統括安全衛生責任者から連絡を受けた事項の関係者への連絡
③ 統括安全衛生責任者からの連絡事項の実施についての管理
④ 請負人が作成する作業計画等について、統括安全衛生責任者との調整
⑤ 混在作業による危険の有無の確認
⑥ 後次の請負人の安全衛生責任者との作業間の連絡および調整

「後次の請負人」とは？
それぞれの安全衛生責任者から見て
自社の下請け以下の会社のこと

4 2 安全施工サイクル活動における職員の位置付け

安全施工サイクルとは

作業所で毎日・毎週および毎月、元請と協力業者が一体となって行う基本的安全活動を定型化し、かつ、その実施内容の改善・充実を図りつつ、**継続的に実施する活動**。

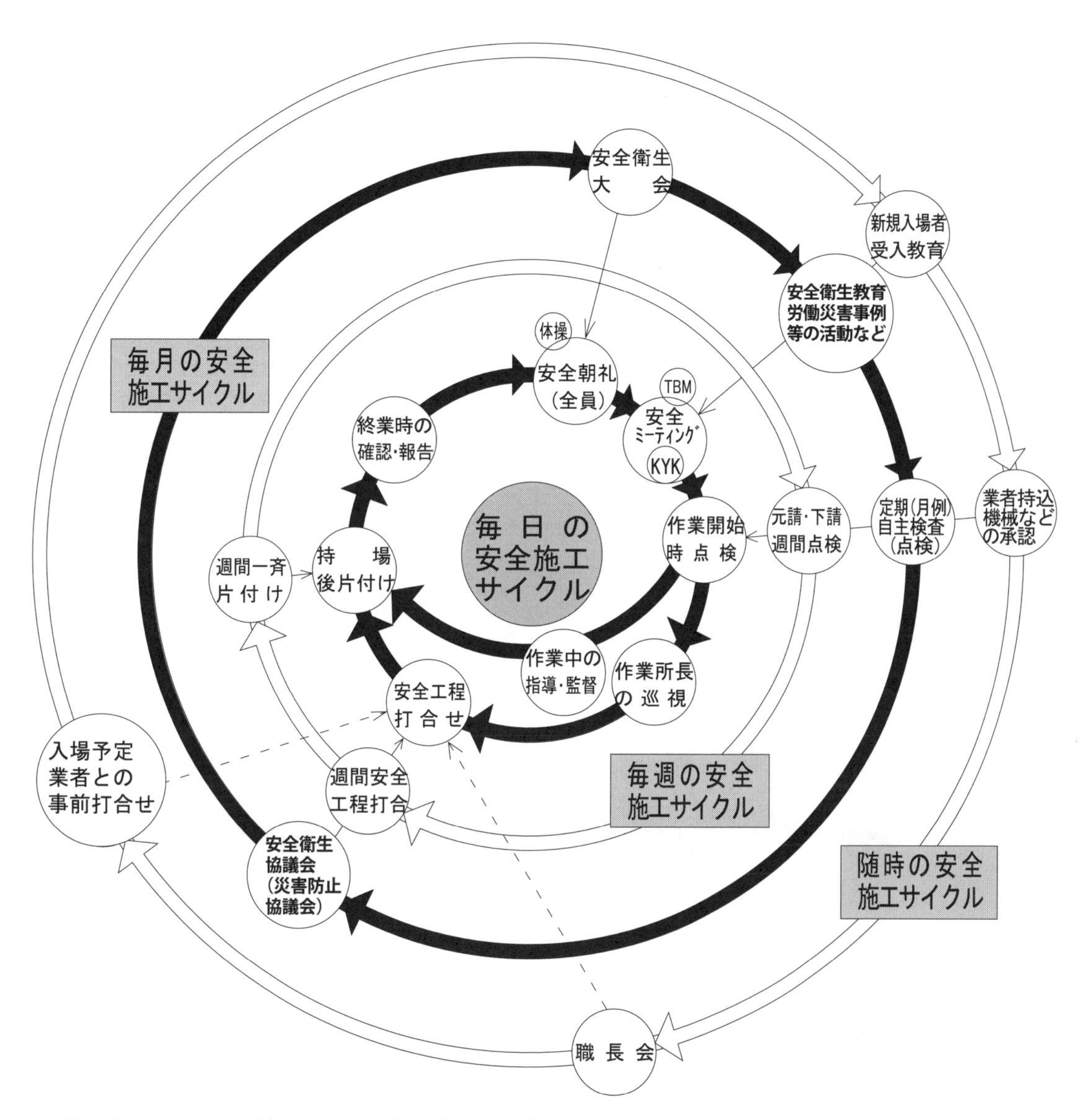

朝に伝えたことや決めたことが、結局その場限りその日限りで終わったのでは、継続的な改善が望めません。これが、週単位や１カ月に考えれば、さらにルールや取り決めた事項への認識が希薄になってくるものです。繰り返すこと、継続することで成果を上げ、これをベースにより高いレベルの活動に進む。集団での活動を維持・拡大するために必要なことです。

「施工品質の向上と安全確保の２つの面から毎日、毎週、毎月に分けて繰り返す活動のパターン」これが安全施工サイクルです。きっちりとこのサイクルを回していくことで、方針や計画を確実なものとし、連絡や調整した事項の確認徹底も図れるようになるのです。

（1）毎日の安全施工サイクル

① 安全朝礼（全員参加）

作業前の心身のウォーミングアップ、安全作業に関する情報伝達、安全意識の高揚等が目的

② ミーティング・ＫＹＫ（作業グループ単位）

＜ミーティングの目的＞

作業の責任者が中心となって、同一職種または関連作業の作業員を集め、当日の作業内容、作業方法、作業手順、作業配置、安全上の注意事項に関する指示、連絡および調整を行い、作業を安全かつ円滑に進めること。

＜ＫＹＫの目的＞

作業にかかる前に、作業グループごとに全員で話し合い、この作業には『どんな危険が潜んでいるのか』『どうしたらよいか』を確認し、その危険要因を取り除く対策を立てて、安全に作業すること。

ＫＹのポイント

◆行動目標は具体的に決め、実施状況が確認できるようにする。

◆「～しない」ではなく「～する」という表現にする。

「～に注意する」
「周囲の確認」
「足元確認」
などの表現は避ける。

＜効果的なＫＹ＞

・現地を見て潜んでいる危険を想像してすると、活発な話し合いができる（現地ＫＹ）
・現地にて、自らの作業をイメージして行う（一人現地ＫＹ）
・目をつぶり、自らの作業を想像しながら行う（一人想像ＫＹ）

効果的なＫＹを工夫して行ってみると良い

③ 作業開始前の点検（使用者・指名された者）

毎日作業している場所の物（機械・設備等）を点検し、潜在する不安全な箇所を早期に発見して是正することにより、災害要因を排除することが目的

④ 作業中の指導・監督（元請・下請共）

指示、打合せしたことが実行されているかを監督、指導する。また、発見した不安全状態、不安全行動について指導することが目的

◎日々の点検は、全職員が実施！
ここが大事！！

⑤ 作業所長の巡視 ― 1日1回以上（労働安全衛生法第30条）

巡視の重点事項

◆施工計画、打合せに基づいた作業の実施
◆設備の不安全状態の排除
◆混在作業による危険要因の排除
◆不安全行動の排除
◆重機、車両等の運行による危険の排除
◆技術的事項の指導

⑥ 安全工程打合せ（元請社員、各協力会社の安全衛生責任者）

工事の労働災害を防止するためには、協力会社相互の連絡を密にし、関係者全員が常に工事危険箇所等の状況を把握するとともに、作業間の調整を図ることが目的

打ち合わせ項目

① 本日の作業の状態（進捗状況、作業の難易など）を踏まえて、翌日の作業の調整・指示をし、記録する。

② 混在作業・上下作業の調整、作業方法の確認、共同作業の作業方法、作業手順、作業責任者、合図者などの作業手順および配置計画の確認。

③ 共用機械類（クレーンなど）の使用時間、作業内容、作業方法、作業責任者、誘導者、合図者、有資格者の配置、作業時間などの確認と調整。

④ 共用設備（足場、桟橋、作業構台、通路など）の使用時間、作業内容、作業方法、作業責任者の調整と確認。

⑤ 危険箇所の周知、酸素、有害ガスなどの測定、換気の方法（機械の点検、操作、風量）、合図（発破における退避など）、関係者以外の立入禁止、保護具類の使用などの指示。

⑥ 計画が変更された作業、新工法による作業、新たに着手する作業、非定常業務に対しては、特に使用機械、使用材料、使用工具、作業手順、作業主任者、有資格者、作業人員、保護具の使用、信号、合図の方法などについて十分な打合せをする。

⑦ 関係者間で十分協議し、納得のうえ各作業についての安全指示事項を記入した工事打ち合わせ（安全日誌）の写しを関係者に渡す。また、特に重要なものについては、別途「作業指示書」を作成し、関係者に渡す。

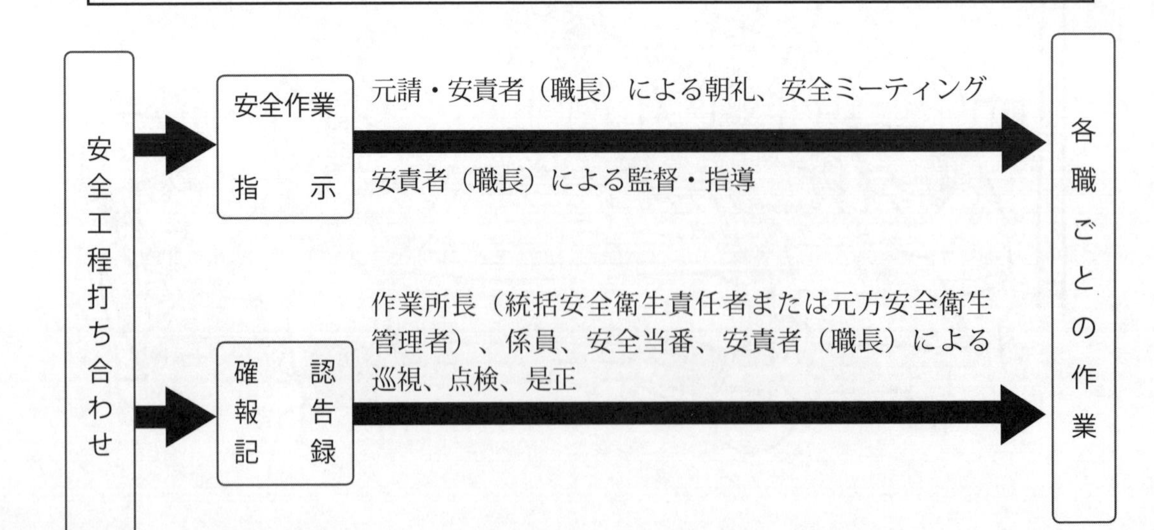

⑦ 持ち場の後片付け（作業を行った協力会社）

良好な作業環境の維持、災害の防止、作業能率の向上を図ることが目的

整理整頓の基本

- ◆通路の確保
- ◆資機材の置き場所、置き方の設定
- ◆不用材の収納設備の備え付け
- ◆不用物の適切な処分
- ◆清掃当番の指名
- ◆廃棄物分別収集

整理：不要なものを撤去すること。
　　　別の場所への移動や廃棄など
整頓：使いやすいように、並べること

⑧ 作業終了時の確認（元請の安全当番、安全衛生責任者）

防火、盗難、第三者災害の防止

- ◆作業終了状況の確認
- ◆残業職種の作業内容と終了予定時刻の把握
- ◆各職場の片付け状況の確認
- ◆火の始末、電気の遮断、水道の止栓、ゲートの開閉の確認
- ◆道路規制標識類、夜間照明、防護フェンス、第三者通路の確認

etc

（2）週間の安全施工サイクル

① 週間安全工程打合せ

（元請社員、各協力会社の安全衛生責任者）

進捗状況による各職種間の作業調整と週間の反省と対策の確認

② 週間点検

（元請安全担当者・協力会社点検担当者）

作業環境、作業設備、建設機械および各種電気工具を点検して不安全状態の排除

③ 週間一斉片付け（作業所全員）

作業環境の維持・整備と所内の規律維持

（3）月の安全施工サイクル

① 安全衛生協議会 — 月１回（労働安全衛生法第 30 条：定期的にすべての関係請負人が参加）（統括安全衛生責任者、元方安全衛生管理者、元請社員、各協力会社の安全衛生責任者）

同一作業現場で作業する各職種の混在作業から生ずる諸問題を連絡・調整し、労働災害の未然防止と施工の円滑な推進を図ることが目的

◆月間工程説明
◆安全の注意事項
◆当月の反省と来月の対策
◆提案事項の討議　etc

② 安全大会（作業所全員）

安全意識の高揚と所内の規律維持

安全表彰・災害事例の報告
月間の安全目標発表

③ 定期点検・自主検査（元請安全担当者・協力会社点検担当者）

法定の機械・設備の月例点検（労働安全衛生法第 45 条）

定期自主検査 — 移動式クレーン
特定自主検査 — 車両系建設機械・高所作業車

4-3 安全教育

1．安全教育の目的

安全教育は、知らない・やれない・やらない人に、作業上身につけさせたい知識、技能、態度を正確・迅速に伝達し、その内容を理解させ体得させることや、いろいろな注意を与えて、規則（ルール）や心得などを守るように導くのが目的となります。

2．指導教育の方法

① 指導教育の必要点の発見

教育必要点を確立するため、次のことの検討が必要。

・教育内容と程度

・被教育者の能力の程度

② 効果的な指導の方法

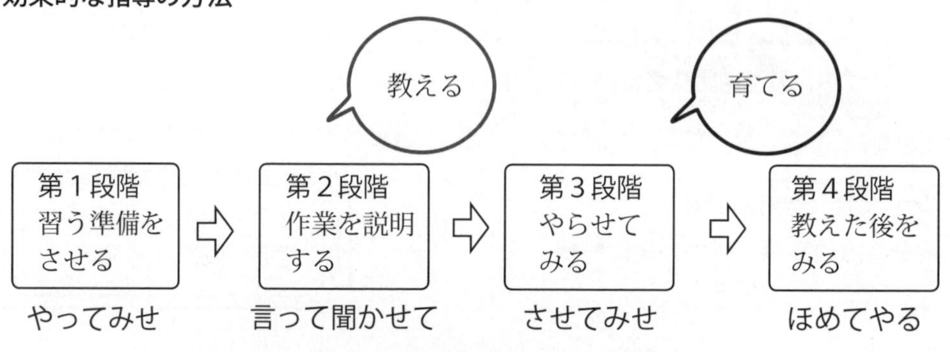

教えただけでは教育にあらず、
出来るようになるまでするのが“教育”！

人を動かす

やってみせ、言って聞かせて、させてみせ、ほめてやらねば、人は動かじ。
話し合い、耳を傾け、承認し、任せてやらねば、人は育たず。
やっている、姿を感謝で見守って、信頼せねば、人は実らず。

（山本　五十六）

③ 指導教育の８原則

	原則	ポイント
1	相手の立場に立って	相手が覚えることが目的。相手に合わせる 相手の能力に応じて教育を進め、教える側のペースで教えない
2	動機づけを大切に（やる気を起こさせる）	その目的、重要性を話す 教わること、覚えて身につけることが本人にとってどんな利益になるのかを強調
3	やさしいことから難しいことへ	すでに持っている知識、技能を土台として成功感をもたせる 相手が理解でき、行動できることから習得、達成の喜びを持たせ、習いたい、覚えたいという気持ちを持たせる
4	一時に一事を	間合いをもって、１回に１つのことを 人間は、一度に多くのことを覚え、身につけることはできない
5	何回も根気よく	習慣になるまで、何回も繰り返す しっかりと身につくまで、何回も機会を見つけて繰り返す
6	強い印象を与える	「百聞は一見にしかず」…事実を見せる 「百見は一技（わざ）にしかず」…やらせる 災害事例、改善事例などにより印象を与える
7	五感の活用	視覚の有効性は五感全体の 60 ～ 70% 聴覚は 20%前後 実物を見せて、実際にやらせる
8	手順と急所の理解	教える前に作業を分解して手順と急所を教える 安全・品質・管理・能率面の急所を理解、納得させる

百聞は一見にしかず

…何回も繰り返し言って聞かせるよりも、見せることの方が効果は上がる

百見は一技にしかず

…何回も見せるよりも、実際にやらせた方が、より効果が上がる

3．指導教育効果の持続

教育は、教えた事項が確実に実施されてはじめて目的を達成したといえます。

このため、現場作業の中で教えたことが実際に励行されているかどうかを現場巡視などにより把握しなければなりません。正しくない行為は直ちに是正させる必要があります。安易な妥協で是正措置を怠ると、是正がますます困難となる恐れがあるからです。「こんなことが」と思えることが大災害に繋がったケースも少なくありません。

従って、不安全行動が安全教育の不足による場合には、機会を逸することなく、関係作業者全員に対し追指導することが大切です。

また、それまでの教育内容の不足な点がどこにあったかを十分反省し、以後の教育計画に反映させることはいうまでもありません。

4．法令等で求められている教育

法令は労働者等の安全作業に対する知識・技能および意識の不足による災害が多いことに注目し、安全教育の徹底に重点をおいています。

1）法に定められている安全教育（労働安全衛生法第 59 条）

・雇い入れ教育（安衛法第 59 条１項）

・作業変更時教育（同上２項）

・特別教育（同上３項）

・危険有害業務従事者（安衛法第 60 条の２）

・職長教育（安衛法第 60 条）

・能力向上教育（安衛法第 19 条の２）

・新規入場者教育（通達平 7.4.21 基発 267 号の２）

2）事業場で行う安全教育

① 従業員（当社の職員）に対する教育

・所属上長による日常実践教育（ＯＪＴ）

・現場の監督職員に関する責務の自覚指導

・社内外の刊行物の利用

・各種の外部講習会への参加

② 協力会社に対する指導教育

・事業主（代表者を含む）、職長・安全衛生責任者（世話役）へのそれぞれの役割教育

・送り出し教育実施内容・方法の教育

・労働者に対する作業手順教育

・機械設備等の取扱い、操作教育

・安全に関する視聴覚教育

・火薬類取扱い保安教育

・その他

特別安全日の実施

安全提案制度

安全大会（集会）の実施

安全朝礼、ＫＹミーティングの実施

安全掲示板の利用

③ 法に準じる特別教育（携帯型丸ノコ盤取扱い 他）

5．教育の種類

教育の対象者を、危険有害な業務に就く作業者や管理監督者等に分けた教育の種類は以下のとおりです。

種　　類	主な講習名称
作業主任者技能講習	足場の組立て等作業主任者 / 地山の掘削および土止め支保工 / 石綿 / ずい道の掘削等
運転等技能講習	車両系建設機械 / 高所作業車 / 不整地運搬車 / ガス溶接技能等
各種特別教育	石綿 / 車両系建設機械（整地・運搬・積込み用および掘削用）/ 低圧電気取扱特別教育等 / 足場の組立等特別教育
職長・安全衛生責任者教育	職長・安全衛生責任者教育講師養成講座 / 職長・安全衛生責任者教育講師のためのリスクアセスメント研修等
建設業労働安全衛生マネジメントシステムに関する教育	構築担当者研修講座 / 運用管理者研修講座 / 内部システム監査担当者研修講座等
安全管理者、安全衛生推進者等の教育	安全管理者選任時研修 / 統括安全衛生責任者講習 / 現場管理者統括管理講習等
店社安全衛生スタッフのための教育	総合工事業者店社安全衛生 / 専門工事業者店社安全衛生スタッフコース
その他の指導者、管理者等の教育	労働安全衛生関係法令講座 / 建設現場の管理技術者のための講座（工事計画参画者コース）等
上記以外の教育	足場作業主任者能力向上教育 / 土止め先行工法等リスクアセスメントの科目を含む教育等

参考　**労働安全衛生法等に定める作業ごとに必要な資格一覧**

No.	作業名	免許者	技能講習修了者	特別教育修了者	その他の選任・指名・配置	
0	建設業全般			職長・安全衛生責任者		
1	高圧室内作業 （大気圧を超える気圧下の室内、シャフトの内部）	作業主任者		空気圧縮機運転者 送気調節担当者 加圧・減圧担当者 作業員	連絡員	
2	木工加工用機械作業	作業主任者（台付鋸5台以上設置する場合）	作業主任者			
3	コンクリート破砕機作業		作業主任者			
4	地山の掘削、土止め支保工作業 （高さが2m以上となる地山の掘削、切梁、腹起こし等の組立、解体）		作業主任者		作業指揮者（ガス管防護） 点検者	誘導者
5	火薬取扱い作業	取扱保安責任者、発破技師				見張人（火工所）
6	ずい道等の掘削等の作業 （掘削、支保工、ロックボルト、吹付け、ずり積み）		作業主任者	従事する坑内作業員	作業指揮者 防火担当者	誘導者 測定者 点検者
7	ずい道等の覆工の作業 （組立、異動、解体、コンクリート打設）		作業主任者	従事する坑内作業員	作業指揮者 防火担当者	誘導者 測定者 点検者
8	はい作業 （高さ2m以上の荷物の積上げ・降ろし）		作業主任者			
9	採石のための掘削作業 （高さ2m以上となる岩石採取のための掘削）		作業主任者			誘導者（機械が作業者に近接または転落の恐れがある場合）
10	型わく支保工の組立等作業（組立・解体）		作業主任者			

1　高圧室内作業	2　木工加工用機械作業
 潜函工法	 
3　コンクリート破砕機作業  	4　地山の掘削、土止め支保工作業 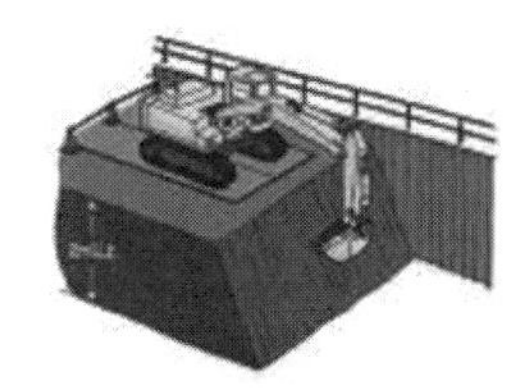 
5　火薬取扱い作業 	6　ずい道等の掘削等の作業 
7　ずい道等の覆工の作業 	8　はい作業 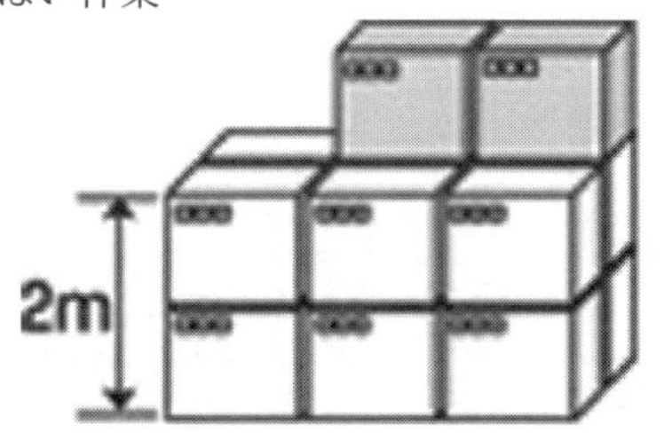
9　採石のための掘削作業 	10　型わく支保工の組立等作業 

No.	作業名	免許者	技能講習修了者	特別教育修了者	その他の選任・指名・配置	
11	足場の組立等作業（5m以上の組立・解体・変更）		作業主任者			
12	鉄骨組立等作業（5m以上の建築鉄骨・鉄塔・その他の組立解体または変更）		作業主任者			
13	鋼橋造架設等作業（高さ5m以上または支間30m以上）		作業主任者			
14	コンクリート橋架設等作業（コンクリート橋梁上部構造で高さ5m以上または支間30m以上）		作業主任者			
15	木造建築物の組立等作業（軒高5m以上の構造部材組立・屋根下地・外壁下地等の組立解体）		作業主任者			
16	コンクリート造工作物の解体等作業（高さ5m以上の解体・破壊）		作業主任者			
17	第一種酸素欠乏危険作業（第二種以外の酸欠危険作業）		作業主任者	従事する全従業員		監視人
18	第二種酸素欠乏危険作業（硫化水素中毒危険場所）		作業主任者	従事する全従業員		監視人
19	有機溶剤作業（有機溶剤を重量5%超での、製造・取り扱い）		作業主任者			
20	特定粉じん作業			作業者		
21	特定化学物質取扱作業		作業主任者			

11　足場の組立等作業 	12　鉄骨組立等作業 
13　鋼橋造架設等作業 	14　コンクリート橋架設等作業 
15　木造建築物の組立等作業 	16　コンクリート造工作物の解体等作業 
17　第一種酸素欠乏危険作業 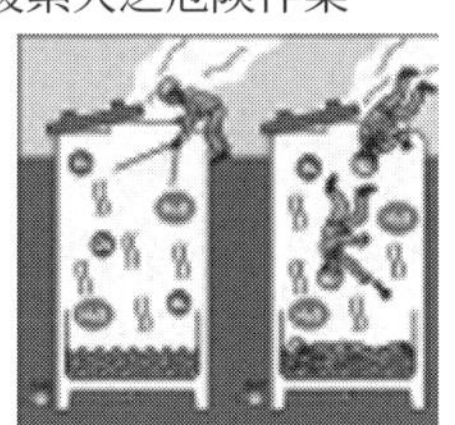	18　第二種酸素欠乏危険作業 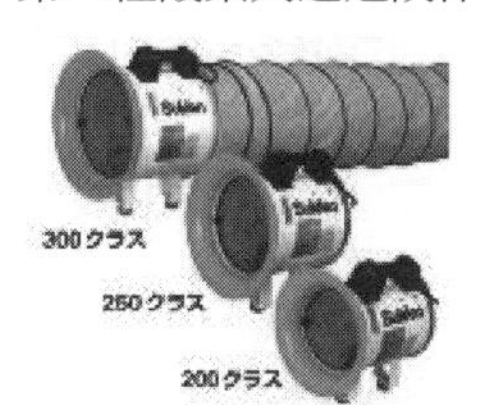 
19　有機溶剤作業 	20　特定粉じん作業  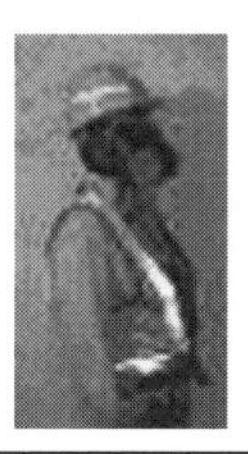
21　特定化学物質取扱作業  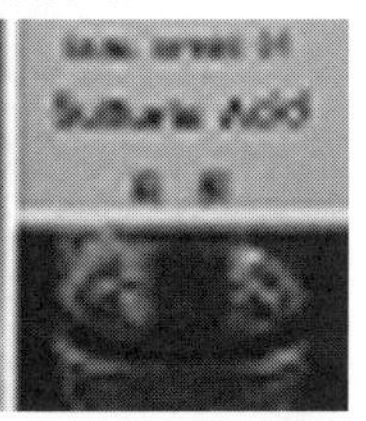	

No.	作業名	免許者	技能講習修了者	特別教育修了者	その他の選任・指名・配置	
22	クレーン・デリック運転業務	運転士（5ｔ以上）		運転者（5ｔ未満）	作業指揮者（組立・解体）	合図者
23	移動式クレーン運転業務（クレーン機能付油圧ショベル含む）	運転士（5ｔ以上）	運転者（5ｔ未満）	運転者（1ｔ未満）	作業指揮者（組立・解体）	
24	床上操作式クレーン運転業務（運転者が荷と共に移動する方式のもの）		運転者（5ｔ以上）	運転者（5ｔ未満）		
25	跨線テルハ運転業務			運転者（5ｔ以上）		
26	ガス溶接作業	作業主任者	作業者			
27	高所作業車運転業務		運転者（10ｍ以上）	運転者（10ｍ未満）	作業指揮者（高所作業車を用いる作業および修理作業）	合図者
28	車両系建設機械運転業務（整地・積込・運搬用、掘削用、解体用）		運転者（3ｔ以上）	運転者（3ｔ未満）	作業指揮者（修理またはアタッチメントの装着および取外し作業）	誘導者（転倒、接触等の恐れのある作業）
29	車両系建設機械運転業務（基礎工事用）		運転者（3ｔ以上）	運転者（3ｔ未満）作業装置操作者	作業指揮者（修理またはアタッチメントの装着および取外し作業）	誘導者（転倒、接触等の恐れのある作業）合図者
30	車両系建設機械運転業務（締固め用）			運転者	作業指揮者（修理またはアタッチメントの装着および取外し作業）	誘導者（転倒、接触等の恐れのある作業）
31	コンクリートポンプ車使用作業			作業装置操作者	作業指揮者（輸送管の組立・解体）	合図者
32	フォークリフト運転業務		運転者（最大荷重1ｔ以上）	運転者（最大荷重1ｔ未満）	作業指揮者（本作業・修理またはアタッチメントの装着および取外し作業）	誘導者（転倒、接触等の恐れのある作業）

22　クレーン・デリック運転業務

23　移動式クレーン運転業務

24　床上操作式クレーン運転業務

25　床上操作式クレーン運転業務

26　ガス溶接作業

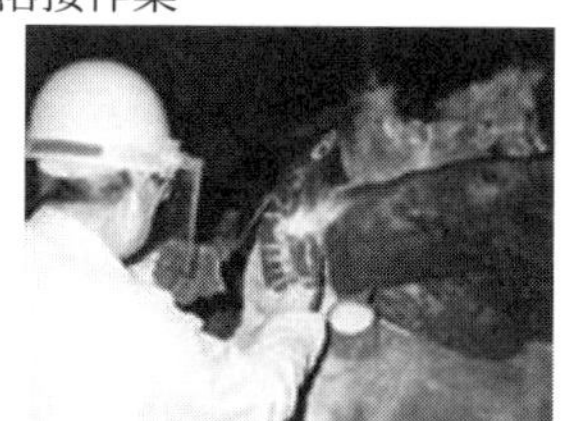

27　高所作業車運転業務

28　車両系建設機械運転業務
（整地・積込・運搬用、掘削用、解体用）

29　車両系建設機械運転業務
（基礎工事用）

30　車両系建設機械運転業務
（締固め用）

31　コンクリートポンプ車使用作業

32　フォークリフト運転業務

No.	作業名	免許者	技能講習修了者	特別教育修了者	その他の選任・指名・配置	
33	ショベルローダー・フォークローダー運転業務		運転者（最大荷重1t以上）	運転者（最大荷重1t未満）	作業指揮者（本作業・修理またはアタッチメントの装着および取外し作業）	誘導者（転倒、接触等の恐れのある作業）
34	不整地運搬車運転業務		運転者（最大荷重1t以上）	運転者（最大荷重1t未満）	作業指揮者（本作業・100kg以上の荷の積卸）	誘導者（転倒、接触等の恐れのある作業）
35	建設用リフト運転業務			運転者	作業指揮者	
36	玉掛業務		作業者（吊上荷重1t以上）	運転者（吊上荷重1t以上）		
37	巻上げ機運転業務			運転者		
38	ボーリングマシン運転業務			運転者	作業指揮者（組立・解体、変更または移動）	合図者
39	ゴンドラ操作業務			操作者		合図者
40	軌道装置運転業務			運転者	誘導者（車両の後押し運転）	監視人（道路と交わる軌道で車両を使用）
41	発破業務（発破におけるせん孔装てん、結線、点火ならびに不発の装薬または残薬の点検および処理）	取扱保安責任者 発破技師			作業指揮者	
42	潜水業務	潜水士		送気調節担当者	連絡員	
43	アーク溶接業務			作業者		
44	研削と石の取替えまたは取替え時の試運転業務			作業者		

33　ショベルローダー・フォークローダー運転業務  	34　不整地運搬車運転業務 
35　建設用リフト運転業務 	36　玉掛業務 
37　巻上げ機運転業務 	38　ボーリングマシン運転業務 
39　ゴンドラ操作業務 	40　軌道装置運転業務 
41　発破業務 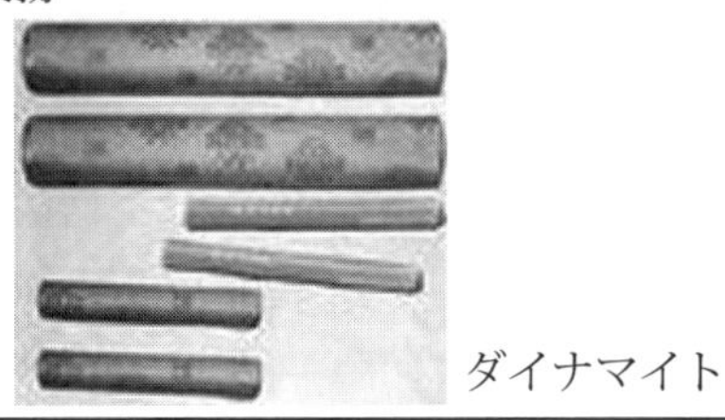 ダイナマイト	42　潜水業務 
43　アーク溶接業務 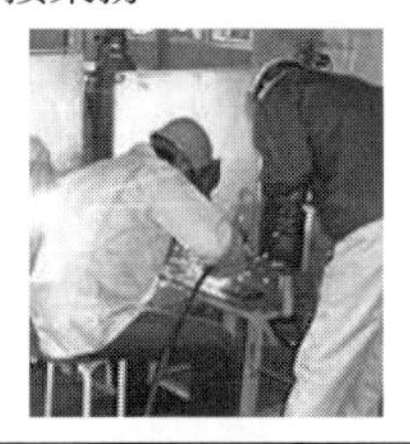	44　研削と石の取替えまたは取替え時の試運転業務 

No.	作業名	免許者	技能講習修了者	特別教育修了者	その他の選任・指名・配置	
45	低圧電気取扱業務	電気主任技術者 電気工事士		電気取扱者	作業指揮者	監視人
46	エレベーターの組立解体業務				作業指揮者	
47	貨物取扱業務				作業指揮者（100kg 以上の荷の積卸し）	
48	廃棄物の焼却施設に関する業務			作業者	作業指揮者	
49	石綿取扱い作業（重量 0.1%超）		特定科学物質作業主任者（H18/4以前取得） 石綿作業主任者（H18/4以降取得）	従事する全作業者		
50	足場の組立て等			組立解体作業者		
51	ロープ高所作業			作業者	作業指揮者	

45　低圧電気取扱業務

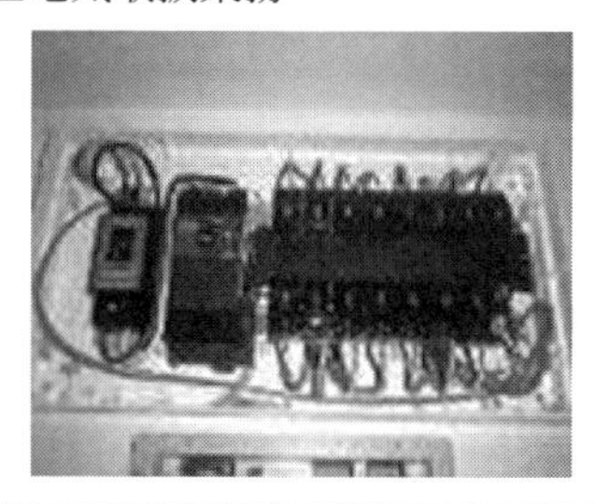

46　エレベーターの組立解体業務

47　貨物取扱業務

48　廃棄物の焼却施設に関する業務

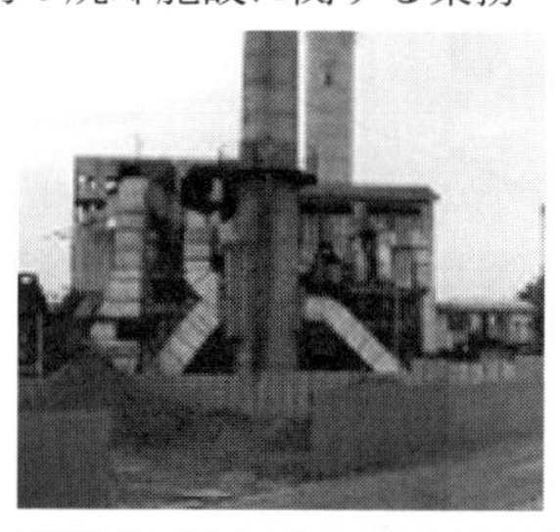

49　石綿取扱い作業

50　足場の組立て等

51　ロープ高所作業

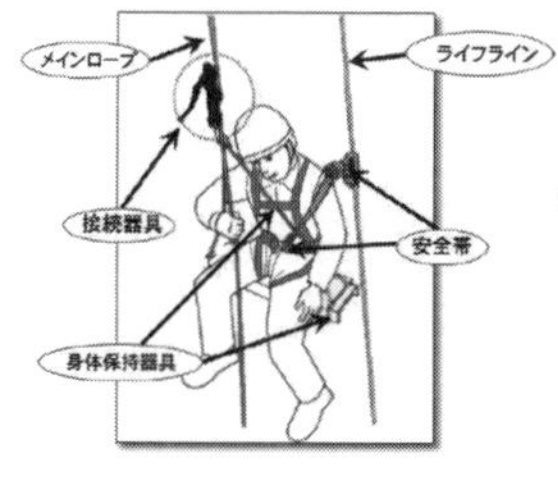

4　4　職長会

特に建築工事等の現場のように、各工種が多岐にわたり多くの協力会社が入場し混在作業となる工事では、それぞれの協力会社における作業間の連絡調整などを円滑に行うことが必要不可欠となります。

統括管理を行う上で、協力会社の職長・安全衛生責任者によって構成された自主安全衛生活動組織が、“職長会”です。

協力会社の職長さん方が

① コミュニケーションを良くし、お互いに理解を深め、
② 自主的な管理・運営により仕事をやり遂げること、
③ 併せて快適な職場環境作りを進めることです。

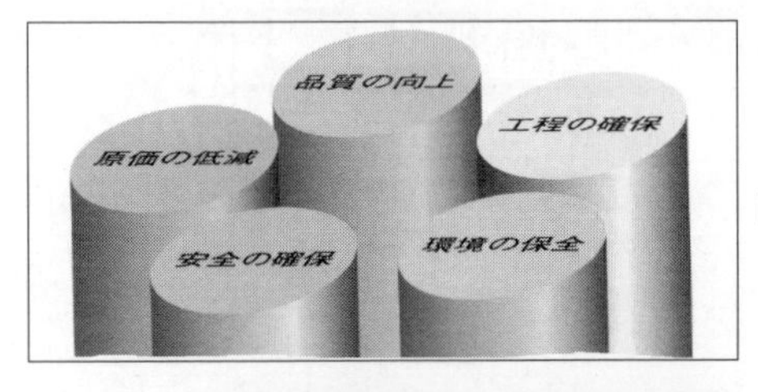

⇨

自主管理の推進により

・協力会社のレベルアップ
・安全衛生管理への参加意識の醸成

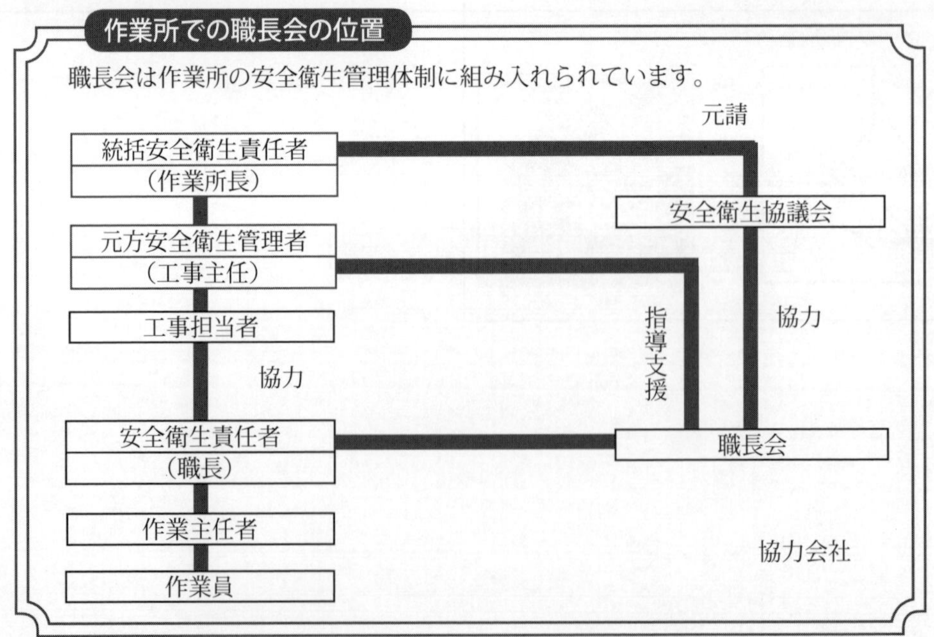

参加する職長自身の『やる気度』のアップにより安全管理の推進が期待できる！

【 主な活動例 】

①職長会の会合、安全工程会議等

②朝礼・KYK・新規入場者教育、始業前自主点検、一斉清掃、作業中の安全巡回

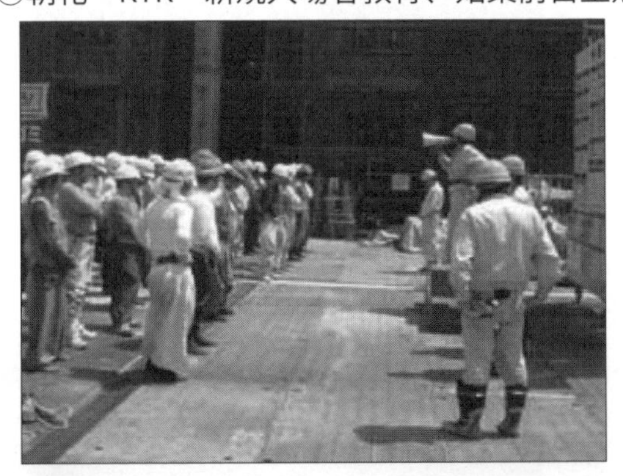

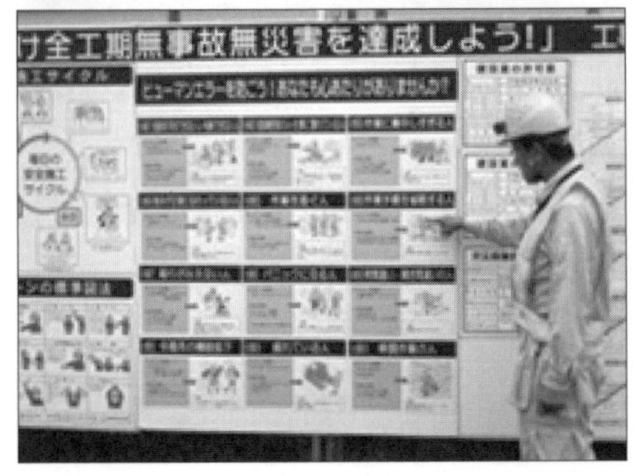

③資格取得講習会の実施、勉強会、コミュニケーション他、標語の募集と表彰の授与等

④消火訓練、避難訓練等

⑤ゴミの分別、産廃ヤードの管理等

⑥厚生施設の管理、作業員の健康管理等

第5章

現場における職員の日常安全管理のポイント

5 1 施工中、安全巡視（設備の欠陥、不安全行動など）

（1）点検・巡視の目的

災害・事故の要因となるような不安全な状態と不安全な行動などをあらゆる角度からチェックし、欠陥を是正して災害を未然に防止しようとするのが、点検・巡視の目的です。

不安全な状態

◆安全設備（手すり、柵、足場板等）の取り外し、設備の損傷
◆安全設備が作業方法（手順）に合っていない（時に危険な状態になる）
◆機械の動作不良・異音などの異常や損傷
◆防護カバーの取り外しや欠損
◆気象環境（暴風、降雪） etc

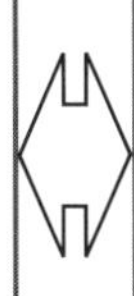

不安全な行動

◆ルール（法規、社内基準、現場のきまり等）を守らない（規律無視・軽視）
◆階段を使わず、足場の外を伝い降りる（近道行為）
◆安全を確保するための手順を省く（省略行為）
◆稼動する重機に不用意に近づく（不注意） etc

現場を管理するあなたは、作業を円滑に遂行するために、設備と行動を含めた作業状態が適正になっているかを確かめなければなりません。

（2）現場を見るポイント

管理のP（計画）～D（実施）～C（点検）～A（改善）のサイクルが、きちんと回っているかを頭に入れ、現場を診る。

【安全点検】

安全点検のポイント

① 現場の設備が、計画通りに構築・維持されているか。

・計画（指示）したように設備してあるか。
機能は十分か。
外されたり、壊れてはいないか。

・計画自体が適切なのかも点検する。（この計画で災害は防げるか）
「作業手順にマッチした設備になっているか」
「次の手順でも危険はないか？設備はこのままでよいか？」

※使いづらい設備は、不安全行動を招く！（昇降設備の数や位置はよいか）

「遠回りすれば昇降設備があるよ」では
きっと　近道行為が！

② 作業が、計画（手順書・指示）通りに行われているか。

・作業員さんが危険な行為をしていないか。危険な状態になっていないか。

・作業手順が守られているか。指示がきちんと伝わっているか。ルールが守られているか。

・作業員さんの動きはどうか。健康状態はどうか、顔色や服装もチェック。

・作業員さんが通る（移動する）ルートに危険はないか。

・重機と人の区分（立入り禁止柵・表示）はできているか。

・保護具の使用状況は。規格に合った適切な保護具か。壊れていないか。正しい使用方法か。

・作業する場所に不要物はないか。（整理）使用する材料・道具の整頓は良いか。

・打合せ以外の作業をしていないか。

・作業主任者・指揮者が打合せどおり配置され、役割を果たしているか。有資格者の配置は良いか。

③ 指示や注意をしたことが、きちんと実施されているか。

・打ち合わせや前回の巡視で、改善や追加、変更の指示をしたものが、伝えたとおりに実施されているかを点検する。

→ 実施していなかったり、指示したものと違っていたときは、なぜなのか考える必要がある。目的がきちんと伝わっているか、理解するまで説明したか。具体的な指示になっていたのか。

計画や指示は、計画を立案する人、指示をする人、実行する人が同じイメージを描けることが大事。

計画・指示（P）を具体的にすれば、おのずとDCAは、きっちり回るのではないだろうか。

あなたは、ただ漫然と現場を見ていませんか？

いかに問題点を発見するかが、点検・巡視のポイントになるわけですが、同じ現場を見続けていると、改善すべきことが発見できない恐れが出てきます。（慣れ、マンネリ）

例えば、・今日は設備について、徹底的に点検するぞ！

・今日は作業状況を中心に見ながら、作業手順が適切か点検するぞ！

・今日は墜落防止の視点から巡視しよう！

というように、**目的意識を持って、点検する項目を絞り込んで**点検を行うのも有効ではないでしょうか。

絞り込んだ項目以外でも、悪さを見つけたら即改善！

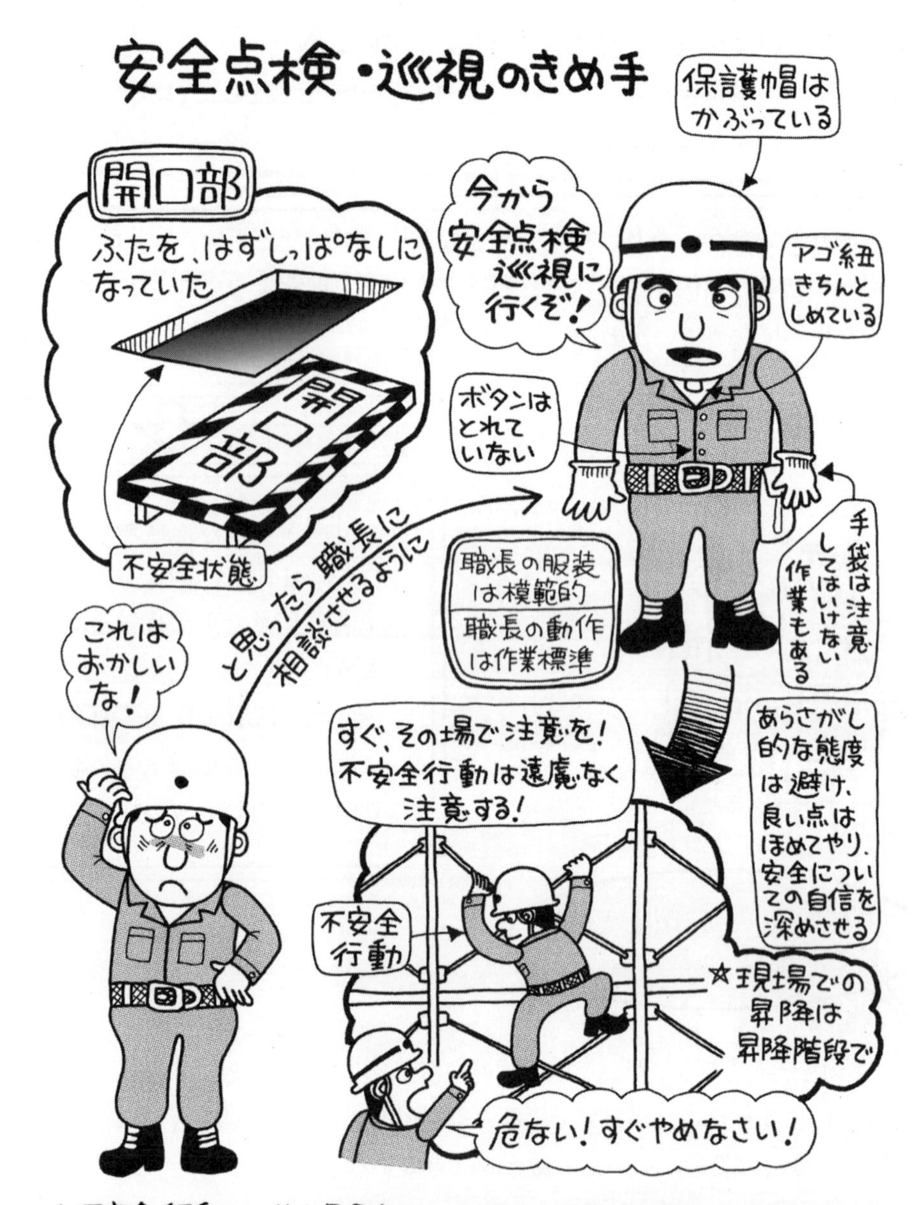

※点検するあなた自身が、現場の状況に馴れすぎて、設備の不備に気が付かなかったり、作業員さんと仲良くなりすぎて、不安全行動を注意しなかったりしたらどうなるでしょうか…?

**人命に関わることなので、黙認することがあってはならない。
厳格に行うこと!**

（3）改善

安全点検は、不安全な状態や不安全な行動がないかどうかを点検することですが、“悪さ”を見つけ出すだけではダメです。悪いところだけを直して 50 点、再発しないようにして 80 点。「まだ発生していないが、別のこんな悪さも起きそうだから、ここをこう直しておく」というところまでいけば、満点でしょう。

【改善のポイント】

処置をすぐに行うこと。

① 設備の悪さ（不安全な状態）は、すぐに直す

直すのに時間がかかる場合は、作業を停止させ、あるいは立入り禁止にするなどの措置が必要になります。直すまでの間、現場の仲間を危険に曝していることになるからです。

② 危険な行動（不安全な行動）は、すぐに声を掛ける

注意するだけでなく、なぜ危険な行動をしたかという理由を探らなくてはなりません。叱るだけでは改善になりません。きっとまた危険な行動をするでしょう。理由を聞いたり、なぜなのか考えることが大切です。根本となる原因を取り去らなければきっと繰り返されるでしょう。

◆使いづらい設備になっていないか
◆めんどうな作業手順になっていないか
◆人員配置が十分でないか、等など

改善すべき項目は、どこにあるのか“人”“もの”“管理”のどこにあるのか考えてください。

作業員さんへの指導（教育）のポイント

教育→「教える」と「育てる」

教え方の４段階法

①やってみせる
②やらせる
③反復させる
④確認する

教えるだけでは　×

実行できるようになるまでにして　○

◆レベルに合わせて指導

◆相手の立場を考えて

◆ユーモアも大切に

◆一時に一事の指示（一度に多くのことを言われたら…）

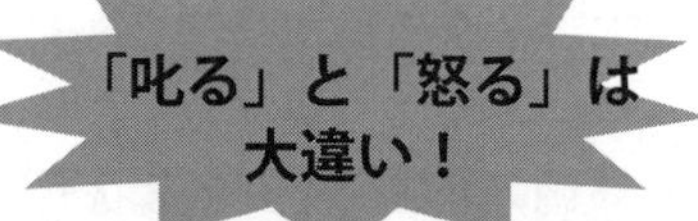

こんなことでは困ります

これでは、もう話してくれないよ！

③ すぐに対応する

協力会社の職長さんや、作業員さんからの提案や相談の申し出があれば、すぐに対応しましょう。

こうした申し出は、“宝の山”と思ってください。今改善すべきことや、まだ発生していない悪さを予防するための改善のヒントになるからです。

④ 改善の指示は、具体的に

明確でない指示では、「災害を防止する」という本来の目的が達成されない可能性があります。

・目的がきちんと伝わっているか、理解するまで説明したかを念頭に、５Ｗ１Ｈを思い出し、具体的な指示になっているかを確認してください。

指示する人
VS
指示を受ける人
「イメージの一致」が大切！

5W1Hという言葉はよく使われますが、ちゃんと説明せよ！と言われると、「何だっけ？」と、なりがちです。しかしこれは、指示や上司への報告だけではなく、仕事のあらゆる場面で必要になるので、ちゃんと理解しておくべきでしょう。

- ◆ who（誰が）
- ◆ what（何を）
- ◆ when（何時）
- ◆ where（どこで）
- ◆ why（なぜ）
- ◆ how（どのように）

５のＷ　と、
１のＨ　で始まる言葉は
具体性を高めるキーワード！

⑤ 改善後を確認する

改善処置や、是正措置を実施した結果を確認することが、点検を通じて最も重要なことです。

指示のしっぱなしでは、十分といえません。あなたが指示したことが、イメージ通りに改善されているか確認し、改善状態になっていれば現場点検の目的はほぼ達成されたといってよいでしょう。なっていなければ、また改善が必要となります。（改善の改善）

しかし、なぜ改善されないか、その理由を考えることも大事です。
（やみくもにやらせるのでは…）

改善がうまく
いかないときは
上司に相談！

- ◆対策が過大になっていないか
- ◆もっとやりやすい方法がないか
- ◆指示される方が、納得しているか

点検・巡視では、「計画通りに現場が進捗しているか」という現状だけでなく、これからの予定工程を思い描き、今の設備で大丈夫か、予定の計画で危険はないか、予定のやり方で仕事はやりやすいのか、と現場を見ながら考えてみてください。きっと、先手を打った安全管理ができるようになるでしょう。

5 2 新入社員が関わる重要書類の意味合い

★ ここで言う「重要書類」とは

万が一にも災害や事故が発生した場合の責任について考えてみましょう。

① 災害・事故が発生すれば、四大責任を問われることになります。

刑事責任は、労働安全衛生法と照らし合わせて、元請が実施すべきものと、被災者を雇用している事業者が実施すべきことを行っているかが調査され、違反の事実が判明すれば、法違反により刑事罰を受けることになります。

元請が墜落防止措置をさせずに、作業をさせた例

罪名および罰条
労働安全衛生法違反
同法 119 条第 1 号、第 122 条、
第 31 条第 1 項
労働安全衛生規則第 653 条第 1 項

→

「6 カ月以下の懲役または 50 万円以下の罰金に処する。」
行為者だけでなく、法人（社長）に対しても処罰される。
（両罰規程）

しかも、安全衛生法で処罰を受けると、発注者から指名停止だけではなく、建設業法での行政的責任を問われることになります。（相互通報制度で、厚生労働省から国土交通省に連絡が入る）

建設業法第 28 条第 1 項第 3 号で「他の法令に違反し…」に抵触し、指示処分が出て、国土交通省地方整備局から指名停止の処分がされることになります。この処分が行われると、他の市町村も追随し指名停止処分が山のように出されます。いっぺんに受注機会が失われることになり、経営に大きな影響を及ぼすことになります。

元請、下請それぞれが、法で定められた事項をきちんとやっていた、安全管理活動を尽くしていたということを証明する必要があります。

安全管理活動の実績を証明する書類として

◆安全衛生日誌（統括管理の記録として）
◆労働者名簿、資格証の写しなどの協力会社が元請に提出する書類
◆施工計画書、重機やクレーンなどの作業計画書
◆ＫＹ活動の記録・作業手順書
◆安全衛生協議会の記録
◆安全教育の実施記録などがあります。

死亡災害などが発生すると、これらの書類は証拠書類として押収されます。

それらの書類から

・計画は適切だったか
・日頃の指導はどうだったか
・作業調整をしていたか
・作業の方法を確認して、下請に指導していたか
・どういう指示をしていたか
・有資格者を確認していたか
・巡視指導をきちんと行っていたか

などが見られることになります。

当然、法に規定してあることがなされていなければ法違反に問われることになるので、**記載もれがないように活動の証拠をしっかりと記録することが肝要です**。（やっていないことまで書いたら、虚偽記載でさらに問題となるので注意！）

労基署による事情聴取は、元請だけでなく、下請作業員にまで及びますので、虚偽記載は必ず露見することになります。

重要書類の1つとして、「**安全衛生日誌**」があります。この書類には「**元請がなすべき統括管理の責務**」が数多く入っていることから、災害発生時に記載不備があった場合、処罰の対象となる重要な書類です。そのため、「安全衛生日誌」をなぜ作らなければならないかの意味合いをよく理解しておく必要があります。

一例として、「安全衛生日誌」の記載のポイントを次ページに示します。

常日頃から、これらの安全に関する書類は点検し整備しておきましょう。

元請としてこれらをしっかり行っていたか

主なものの概要

<労働安全衛生法第29条>

◆協力会社および協力会社の労働者が法令に**違反しないよう指導**しなければならない。

◆協力会社および協力会社の労働者が法令に違反しているときは**是正を指示**しなければならない。

<労働安全衛生法第29条の2>

◆危険な場所では、協力会社が適正に危険防止措置を講じられるよう、**技術上の指導**やその他の措置を講じなければならない。

<労働安全衛生法第30条>

◆元請と多数の協力会社の作業者が同一の場所で**混在作業をすることで発生する災害を防止**するため

協議組織の設置運営（安衛則第635条）

作業間の連絡および調整（同第636条）

作業場所の巡視（同第637条）

協力会社が行う安全衛生教育に対する指導・援助（同第638条）

◆協力会社が建設機械を使って作業する場合、**作業計画を作成し、協力会社を指導**しなければならない。

<労働安全衛生法第31、32条>

◆協力会社に**建設物、設備を提供した場合、労働災害防止のための必要な措置**をとらなければならない。

◆協力会社に**違法な指示をしてはならない**（法違反を強要してはいけない）。

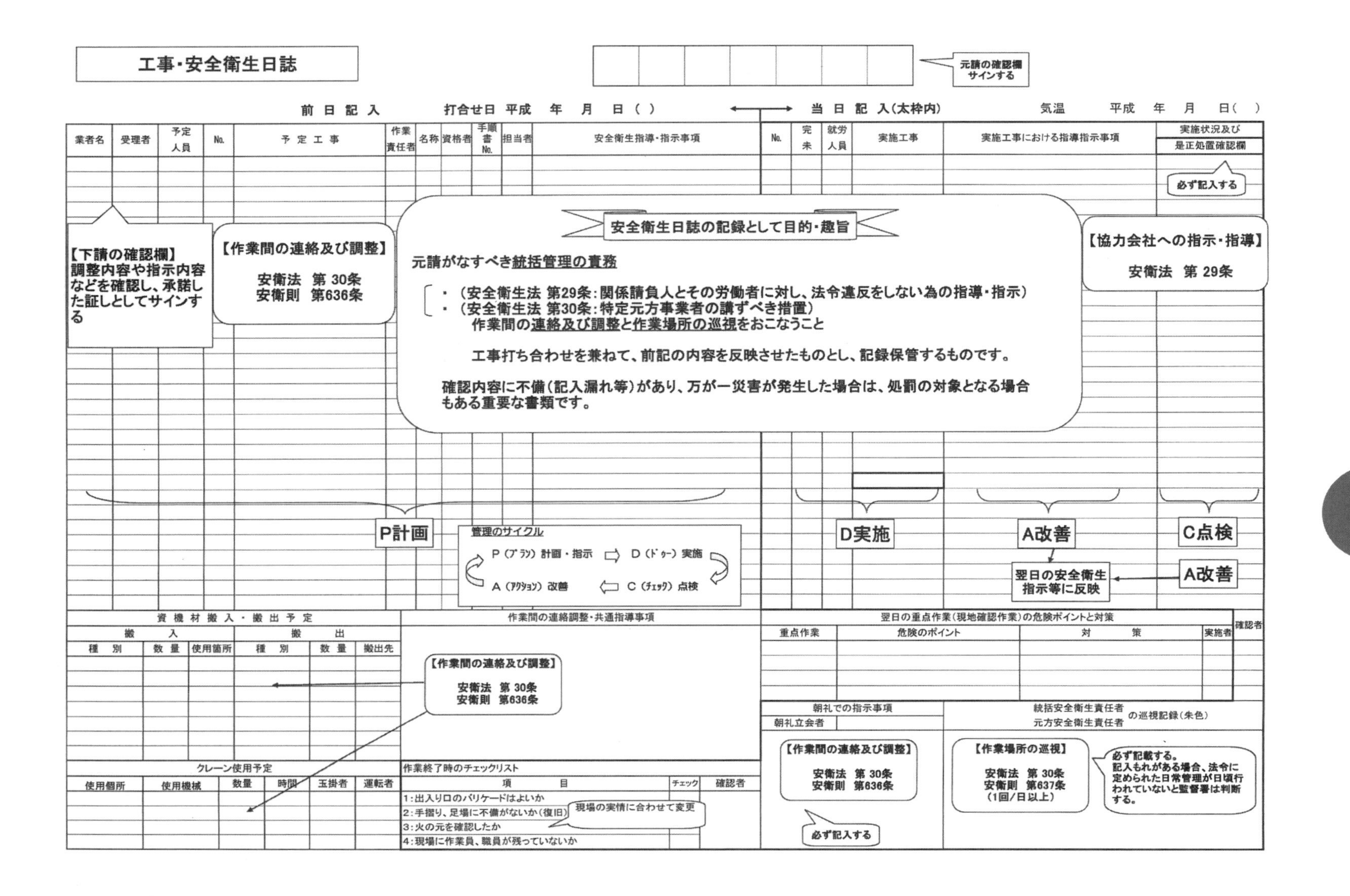

工事・安全衛生日誌

元請の確認欄 サインする

前日記入　打合せ日 平成　年　月　日（　）　←→　当日記入（太枠内）　気温　平成　年　月　日（　）

業者名	受理者	予定人員	No.	予定工事	作業責任者	名称	資格者	手順書No.	担当者	安全衛生指導・指示事項	No.	完未	就労人員	実施工事	実施工事における指導指示事項	実施状況及び是正処置確認欄

資機材搬入・搬出予定					
搬入			搬出		
種別	数量	使用箇所	種別	数量	搬出先

作業間の連絡調整・共通指導事項

翌日の重点作業（現地確認作業）の危険ポイントと対策				確認者
重点作業	危険のポイント	対策	実施者	

クレーン使用予定					
使用個所	使用機械	数量	時間	玉掛者	運転者

作業終了時のチェックリスト		
項目	チェック	確認者
1：出入り口のバリケードはよいか		
2：手摺り、足場に不備がないか（復旧）		
3：火の元を確認したか		
4：現場に作業員、職員が残っていないか		

朝礼での指示事項

朝礼立会者

統括安全衛生責任者／元方安全衛生責任者　の巡視記録（朱色）

第6章

万が一、災害が発生したら

6 1 災害発生時の措置フロー

このテキストでは、労働基準監督署への事務手続きや重大災害発生時における報道などへの対応等の詳細は省いてあります。詳細については、労働基準監督署のホームページやパンフレットなどを見て必ず一読し、掲示するか、目につく所に保管しておいて下さい。

★ 万が一、第一発見者となった場合には…

① 第一発見者があなただった場合は、一呼吸するなどして、まずは落ち着きましょう。

災害は、思いもよらない状況で発生することがほとんどです。多くの人が慌てふためきますが、落ち着いて適切な行動が取れるように努力して下さい。

② 『人命最優先で行動』することが一番大切なことですが、二次災害で自分や仲間が被災しないよう、軽率な行動はしないように自分を戒めましょう。

例えば、酸欠場所に入る時には酸素呼吸器を装着しましたか？防塵マスクは、酸欠場所では何の役にも立ちません。

被災者に意識のない場合は、むやみに動かすと症状が悪化することもあります。

③ とっさに何かの処置を取る時には、その処置で起こることを予想しましたか？

例えば機械の電源を落とした場合、その機械は安全な位置で止まりますか？

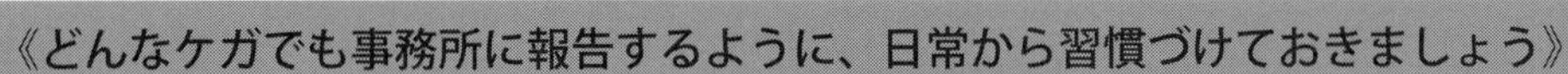

《どんなケガでも事務所に報告するように、日常から習慣づけておきましょう》

現場で発生する災害は、転倒による擦り傷や、足場からの墜落、重機による挟まれなど、軽症なものから重症なものまで様ざまな種類があります。ですから、どんなに小さなケガでも作業員に報告してもらうように常に指導し、報告があった際には速やかに事務所に連絡するように、日ごろから訓練しておくことが大切です。

万が一、現場で災害が発生した場合の措置について、フロー図で簡単にまとめました。

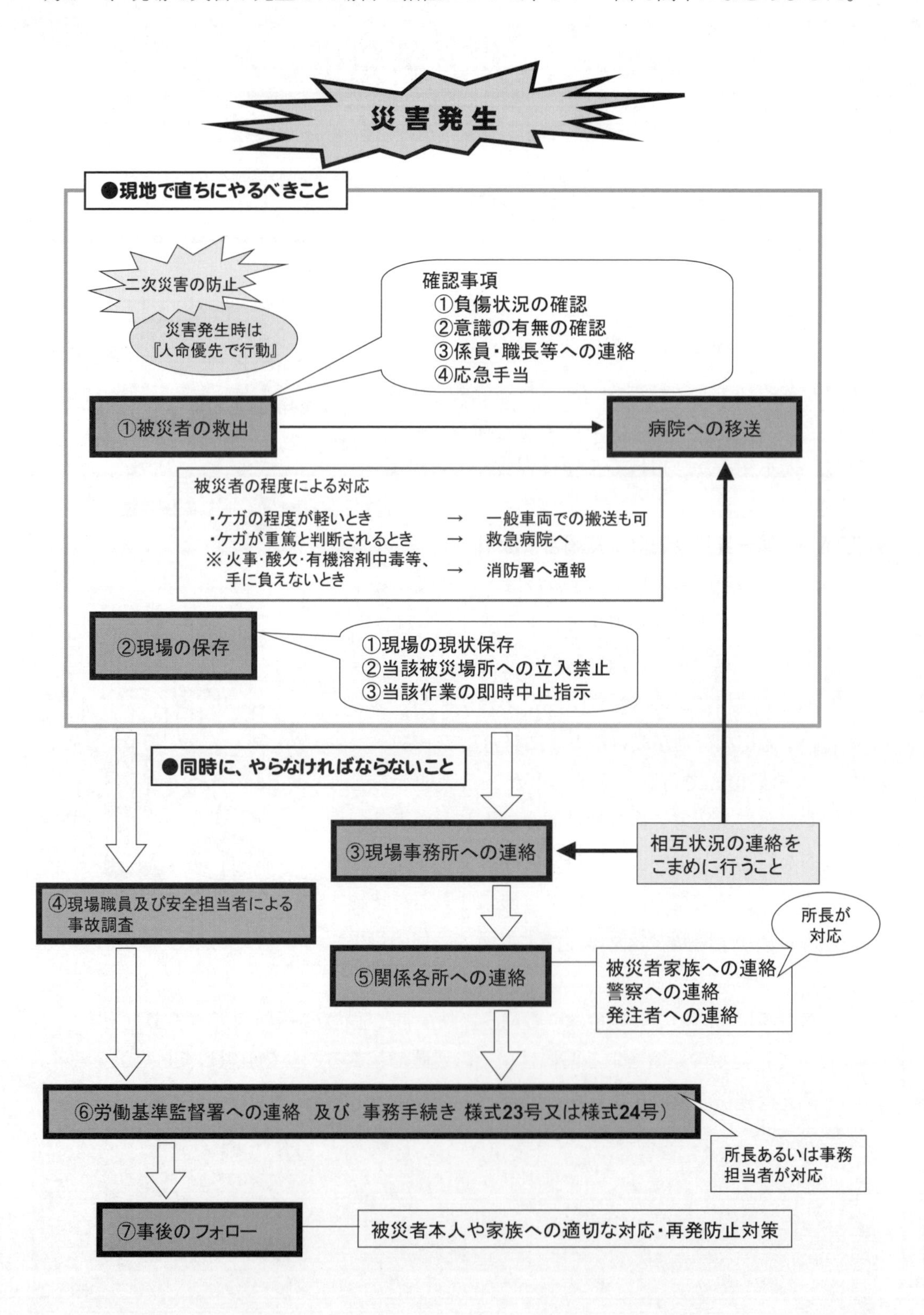

6 2 新入社員の立場での行動について

万が一、災害が発生した場合、新入社員のあなたがするべきことは何でしょうか？

① 第一発見者があなただった場合には、あなたが事務所に連絡をすることになります。

被災場所から現場事務所に報告する内容を整理しましたか？

（ア）どんな災害ですか？　《墜落・重機接触　他》

（イ）何人被災しましたか？

（ウ）ケガの程度はどうですか？　《意識の有無、ケガの場所、出血の有無》

（エ）職種は何ですか？　会社名と氏名は？

（オ）災害の発生場所はどこですか？　発生時刻はわかりますか？

（カ）職長は被災場所にいますか？

※手帳などに要点をメモしてから連絡をした方が良いでしょう。

※状況次第では即時に救急車を呼ばなければならないこともあるので、事前に現場で打合せをしておくと良いでしょう。

② 現場の状況は保存しましたか？

（ア）二次災害が発生しないような措置はしましたか？

（イ）関係している作業は即中止としましたか？

（ウ）被災者が使用していた保護具・工具類を保存しましたか？

③ 災害の目撃者を見つけましたか？　聞き取り調査はしましたか？

事故後には再発防止委員会が開催されます。その前に、関係者から聞き取り調査をしておく必要があります。

「事実か」「推測か」をしっかり整理しておく必要があります。
間違った推測は事実をゆがめることになるので、注意が必要です。

聞き取りは上司が行うことになりますが、しっかりと記録を取りましょう。
誰に聞いたか、氏名も記録してください。後でさらに詳しく調査する場合があります。

④ 必要な書類は準備しましたか？

常時準備する書類のうち、以下のものが必要です（コピーで可）。

（ア）施工体制台帳
（イ）新規受け入れ時の書類
（ウ）免許資格証、技能講習証の写し、
　　特別教育修了証の写し
（エ）作業手順書、作業計画書
（オ）ＫＹ活動記録
（カ）作業安全指示書
（キ）安全日誌
（ク）安全衛生協議会記録

＜災害発生後に作成、準備する書類＞

（ア）災害速報は発生までの経過記録（時系列で整理されたもの）、現場状況写真、被災者・職長・会社名・作業主任者等の確認、所属会社の概要
（イ）再発防止対策検討書は再発防止検討会開催後に作成されます。

⑤ 単独行動はせず、できるだけ先輩や上司の指示に従いましょう。

上司の判断を仰ぐ時には、誤解の生じないように正確な報告をしましょう。

「～だろう」という自分の推測を入れないことが大切！

災害の発生後は、事後の対応でたいへん多忙になります。慌てず、しかし迅速に、的確な行動が取れるよう、常に心掛けておきましょう。

6 3 「労災かくし」の排除

"労災かくしは犯罪です"…こんなポスターを見たことはありませんか？　発生した労働災害を報告しなかったり、虚偽の報告をすると罰則が科せられます。

「労災かくし」による検察庁への送検件数は、平成 25 年は 89 件、平成 26 年は 127 件でした（労働安全衛生法第 100 条および第 120 条違反）。

（1）「労災かくし」の定義

労働災害の発生に関し、その**発生事実を隠ぺい**するため、故意に**"労働者死傷病報告書"を提出しない**もの、および**虚偽の内容を記載**して提出するものをいいます。

（2）根拠条文の概要

・労働安全衛生法第 100 条（報告等）第 1 項

…事業者、労働者、機械貸与者、建築物貸与者またはコンサルタントに対し、必要な事項を報告させ、または出頭を命ずることができる。

・労働安全衛生規則第 97 条（労働者死傷病報告）

…事業者は、労働者が労働災害その他就業中または事業場もしくはその建設物内における負傷、窒息または急性中毒により死亡し、または休業したときは、遅滞なく、様式第 23 号（休業 4 日未満では、様式 24 号で報告）による報告書を所轄労働基準監督署長に提出しなければならない（近年多くみられる熱中症やぎっくり腰も報告は必要です）。

現場や現場に付属する建物内で亡くなったり、仕事を休むようなケガをしたとき		労働者を雇っている会社（事業者）が労働基準監督署に報告する義務がある

・報告をしなかったり、虚偽の報告をしたときは、50万円以下の罰金刑（安衛法第120条5号）となり、
・さらに両罰規定（安衛法第122条）により行為者の他、その法人に対して50万円以下の罰金刑が科せられます。

隠した行為者	&	所属会社	それぞれに50万円以下の罰金刑

・さらに、これらの刑罰が確定すると、建設業法違反（第28条第1項第3号）により国土交通省より"指示処分"が出され、該当する地方整備局から指名停止の処分が出されることになります。

指示処分による指名停止	国交省の指名停止だけでなく、他の市町村等の追随もあるでしょう。

"労災かくし"はこれだけリスクが高いのです。

（3）労災かくしはなぜダメなのか

1. 労働基準監督機関が災害発生や発生原因等を把握できず、災害が発生した会社に再発防止対策を確立させることや、広く労働災害防止に役立たせることができなくなる。
2. 災害が発生した現場において、災害発生の事実に目をつぶることとなり、自発的な再発防止対策を講ずることができなくなる。
3. 労災保険による適切な保険給付が行われず、下請け業者や被災者が負担を強いられることになりかねない。　等など

（4）それでも労災かくしをなぜ行うのか

建設業の安全管理の水準が上がり、安全意識も向上し、災害も減少してきています。店社や現場の安全意識が高まれば高まるほど、労働災害は発生させたくはないものです。

1. 営業上の理由
   - ・下請にとって今後の取引に影響すると考えた。
   - ・元請が発注者から指名停止を受けるなどで迷惑をかけるから。
2. 無災害記録の継続・更新のため
   - ・元請の支店の無災害継続中の記録が中断することを懸念して。
   - ・労基署や発注者から、モデル現場と評価されていて、評判を落としたくないと考えて。
   - ・日頃から元請所長から絶対に事故は起こさないよう厳しく繰り返し指導されていたから。
3. 元請所長、職員への配慮
   - ・事故により、所長の評価に関わると思い、迷惑をかけられないと考えた。
4. 発注者との関係
   - ・現場の関係法令違反が露見しないように隠した。例えば建設業法で禁止されている一括請負や外国人の不法就労なども露見しないようにと考えた。
   - ・工事評価点の減点にならないようにと考えた。

これらは下請が元請にも報告しないケースですが､元請が関与している場合もあります。

元請が下請に労災かくしを指示している場合には、

（共同正犯）
刑法第 60 条　2 人以上共同して犯罪を実行した者は、すべて正犯とする。

刑法60条が適用され、労働安全衛生法で報告の義務がある事業者だけでなく、元請も同様に処罰を受けることになります。(指示をした職員だけでなく会社も)

(5) 防止対策

◆協力会社および協力会社の作業員に厳しく指導し、不休災害であっても必ず報告すべきことを指示する。(新規入場者教育、災害防止協議会、朝礼などで指導する)
◆どんな小さなケガでも報告しやすい雰囲気をつくる。
◆「当社(協力会社)で処理します」という申し出はハッキリと断る。
◆不休災害についても、追跡調査を行い協力会社任せにしない。
◆災害が発生したら、直ちに上司に通報し指示を仰ぎ、店社、労基署、警察、発注者等に連絡する。(いろいろ考える時間をつくらせないようにする)

被災者の救護と上司への通報を!

大至急・・・

① 被災者の救護が最優先
② 二次災害の防止
③ 被災現場の保存

⇩

連絡

遅滞なく
労基署へ報告

◆労災保険を使わず治療した場合などは、病院から労基署に連絡が行って
◆ケガが直るまで長引き、下請が治療費や休業補償を負担できなくなり、被災者との間にトラブルが起き
◆被災者の家族や同僚から、または第三者からの労基署への通報によって

…などにより、発覚することになります。正しい処理をしないために、会社にとって、リスクが拡大することになります。

業務中や通勤途中のケガに、健康保険は使えません!!

お仕事でのケガ等には、労災保険！

● 労災保険制度では、労働者が業務中または通勤途中に災害にあい（以下「労働災害」といいます）、その労働災害によって負傷、または病気にかかった場合には、労働者の請求に基づき、治療費の給付などを行っています。

● しかし、近年、労働災害であるにもかかわらず、労災保険による給付を受けるための請求を行わず、健康保険を使って治療を受ける方が見られます。

お仕事でのケガ等に健康保険を使うと、一時的に治療費の全額を自己負担しなければなりません！

健康保険は、労働災害とは関係のない傷病に対して支給されるものです。

● 労働災害によって負傷、または病気にかかったにもかかわらず、健康保険を使って医療機関で治療を受けた場合、治療費の全額を一時的に自己負担することとなってしまいます。

健康保険を使ってしまった場合は、必ず裏面の手続きが必要です。

労働災害の場合は、必ず労災保険を請求しましょう

労災保険のご相談は・・・

お近くの労働局・労働基準監督署へ

労災保険制度に関するご質問については、「労災保険相談ダイヤル」でもお答えしていますのでご利用ください。
0570－006031／受付時間9:00～17:00（土日祝日除く）

厚生労働省・都道府県労働局・労働基準監督署

― 参考 ―

※届出要件

○ 労働者死傷病報告　労働安全衛生規則　第 97 条

災害：
人が絡む

労働者が

① 労働災害 ② その他就業中 ③ 附属建設物内（宿舎等）	で	① 負傷 ② 窒息または急性中毒	により	① 死亡 ② 休業	した時

事故：
人が絡まない

○事故報告　労働安全衛生規則第 96 条

人が負傷、死亡などしなくても、報告が必要な事故があるので注意！

事業場、附属建設物内での
　火災または爆発の事故
　遠心機械、研削といしその他の高速回転体の破裂の事故
　建設物、附属建設物または機械集材装置、煙突、高架そう等の倒壊の事故

クレーンの
　逸走、倒壊、落下またはジブの折損
　ワイヤーロープまたはつりチェーンの切断

移動式クレーンの
　転倒、倒壊又はジブの折損
　ワイヤーロープまたはつりチェーンの切断

詳しくは
【労働安全衛生規則第 96 条】を確認してください

エレベーター・建設用リフトの
　昇降路等の倒壊または搬器の墜落
　ワイヤーロープの切断

ゴンドラの
　逸走、転倒、落下またはアームの折損
　ワイヤーロープの切断

第7章

作業環境の改善・創意工夫による災害の未然防止

7 1 快適職場

快適職場とは、労働者の有する能力の有効な発揮や、職場の活性化に役立つものとして、厚生労働大臣による「事業者が講ずべき快適な職場環境の形成のための措置に関する指針」に基づいて、各事業所で取り組まれているものです。

作業環境の快適化：空気環境、温熱条件、視環境、音環境、作業空間などについて快適化を図ります。

作業方法の快適化：不良姿勢作業、重筋作業、高温作業、緊張作業、機械操作などで、身体に過度の負担がかからないよう快適化を図ります。

疲労回復施設：横になれる休憩室、樹木や草花を設置します。

職場生活支援施設：洗面所、トイレなどを清潔で使いやすくし、給湯設備を設置します。

以上のような取組みを行い、労働基準監督署に快適職場の申請をして「認定書」を受けることにより職場のイメージアップを図っています。

また、近年はダイバーシティマネジメントにより、女性が現場で働く機会も増えている中、職場の環境改善も徐々に進んでいますが、まだまだ万全とは言えません。

7 2 作業改善の仕方

作業の改善を行っていくには、職員、職長等が改善に対する前向きな姿勢・取り組む雰囲気・環境をつくり、現場全体が常に改善に対する意欲を持つようにしておくことが大切です。

① 現況に疑問を持つ

現場での作業方法の改善には、現状の作業方法でよいのか、作業の流れに**ムダ・ムラ・ムリ**（**3ム**あるいは**ダラリ**ともいう）がないかを考え、作業に手間がかかったり手直しが多いときには、必ず疑問を持って改善の一歩を踏み出す必要があります。

また、現在の作業方法に危険の恐れがあるとき、例えば開口部・作業通路などが不備であったり確保できていないときや、災害やヒヤリ・ハットがあったときにも、作業の改善を検討する必要があります。

② **改善はグループ全員で**

作業の改善は、実際に改善を試行していくときのことを考えると、グループ全員参加で考えていく方が効果的です。

③ **改善テーマの選び方**

自分達の作業の身近なことについて選ぶと、みんなで意見が出しやすく、全員参加の意識が高まります。また、下記のような作業からテーマを選んで改善することも１つの方法です。

・過去に災害が発生した作業、災害発生の恐れのある作業（危険・有害作業、ヒヤリ・ハットの多い作業を含む。）

・疲れやすい作業、無理な姿勢の作業（強い力を要する作業、高度の注意力を要する作業を含む。）

・労力や資材などに無駄の多い作業、予定どおり進まない作業、残業の多い作業

・手直しや手もどりの多い作業（ダメが多く出る作業）

④ **作業改善の進め方**

作業改善の進め方として４段階方式で行うのが一般的です。

【第１段階】　作業を細目に分解して、事実を確認する。

・作業動作を１つひとつ細目として分解表に記入する。

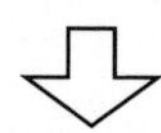

【第２段階】　細目ごとに自問する。

５Ｗ１Ｈと材料・機械・設備・道具・設計・配置動作・安全衛生・整理整頓等についても同時に自問する。

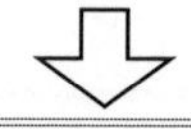

【第３段階】　改善策を作成する。

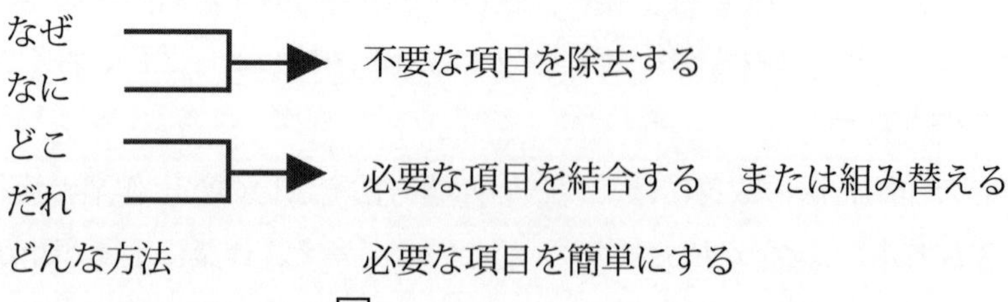

なぜ
なに
不要な項目を除去する
どこ
だれ
必要な項目を結合する　または組み替える
どんな方法
必要な項目を簡単にする

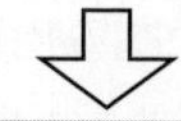

【第４段階】　改善案を試行し、実施し、評価する。

7 3 創意工夫の仕方

現場の安全性を高めるためには、一方的な指示や管理だけでは限界があり、労働災害防止のため、職員や作業員の意見やアイデアを取り入れて創意工夫し、改善することが有効な手段となります。

① 創意工夫を引き出すためには

職長や作業員から創意工夫を引き出すためには、次の4点への気配りを忘れてはいけません。

・日頃から、職長、作業員に問題意識を持たせ、創意工夫が出せる雰囲気づくりをすること。
・問題解決は、職長や作業員自身に解決をゆだねるが、困っているときには適切な助言を与える配慮が必要である。
・創意工夫により、提案されたアイデアを尊重し、安全対策に活用するようにし、誰でも参加できることを理解させ、参加意識を高めるように努めること。
・どんな創意工夫に対しても、「ほめる」ことを忘れないこと。

② 創意工夫を引き出す手法

創意工夫を引き出す具体的な手法としては、提案制度、安全ミーティング、ブレーン・ストーミング、危険予知活動、ヒヤリ・ハット運動等があります。これらの手法を状況に合わせて実施し、作業員の関心を高め、作業員が安全活動に積極的に参加し興味を持てるよう努めることが必要です。

【提案制度】

作業員から新しい考えや創意工夫を出してもらい、採用された提案の効果が大であったら、その提案者に対して褒賞を与える制度。

【安全ミーティングでの動機付け】

安全ミーティング時に、個々の作業員が作業方法や安全に対して、気がついた事項について気軽に話し合うことによって、作業方法や内容が改善されるヒント、きっかけになり、災害防止にも大いに効果を上げることができます。

【アイデアを生み出すブレーン・ストーミング】

ブレーン・ストーミングは、短時間のうちに1つの問題について検討し、多くの創意工夫・アイデアを引き出す手法です。多く出された創意工夫・アイデアを組み合わせたりして、問題点を改善して効果を上げていくという点に特徴があります。

【創意工夫力を磨く危険予知活動】

危険予知訓練（ＫＹＴ）の後に、実際の作業箇所、作業方法など、現場や作業に潜む危険要因を発見し、把握し、改善するために創意工夫を引き出して災害防止につなげていきます。

【ヒヤリ・ハット運動】

災害は、不安全状態や不安全行動によって起こるものだが、このヒヤリ・ハット運動は、このような危険要因をヒヤリ・ハットとする前に皆で話し合い、考え合って、創意工夫をもって改善し、災害防止に効果を上げる手法です。例えば、あるとび工が作業中にラチェット・スパナを誤って落下させたとき、ヒヤリとした経験から、知恵を出し合い考えたのが、「落下防止用工具ホルダー」であるといわれています。

以下に、**作業改善・創意工夫の取り組み事例**を紹介します。

事例１

玉掛けチョッキの着用

改善前　：　玉掛け者に玉掛け作業の認識・役割分担が薄れ、ややもすると、無資格者による作業が発生する恐れも出てきた。

工　夫　：　玉掛け者に、目立つ色の「玉掛者」と書かれたチョッキを着用させることで、離れた場所からでも視覚的な識別を可能にした。

効　果　：　周囲の作業員や重機、クレーンのオペレータから玉掛け者をはっきり確認させることが可能となり、元請や職長等のパトロール時に点検や指導がしやすくなった。

事例2

ヒヤリ・ハット事例の掲示

改善前 ： 現場で作業中にヒヤリ・ハットを経験したとき、それを水平展開して事故防止に役立てる方法はないかと考えた。

工　夫 ： 各自、ヒヤリ・ハットを経験したとき、その内容を報告してもらうための専門用紙をつくり、朝礼会場に回収箱を設置し、提出された事例を全作業員が読めるように掲示板へ貼り出した。

効　果 ： ヒヤリ・ハット事例を掲示することで、他の作業員がそれを見て、その事例に対する対策等を考えるようになった。また、朝礼等で発表することで、全員に周知徹底することができた。

「ヒヤリ」とした「ハット」したこと　　月　日

いつ頃（時間帯）	どこで	どんな状況でどうなった	なぜ

事例3 （安全ルール、安全手順）

簡易足場に取り付けた取扱説明書

改善前 ： 簡易足場の使用方法を理解していない人が多く、そのつど、簡易足場の使用方法を説明するのは大変な労力がかかった。

工　夫 ： 取扱注意事項を明記した掲示を全ての簡易足場に取り付けた。

効　果 ： 簡易足場の使用方法や取扱注意事項をすぐにその場で確認でき、使用者に周知されるようになった。

事例4　（安全ルール、安全手順）

この機械の運転者は私です

改善前　：　数台の重機を使用して作業しているが、指定運転者と資格等の確認をパトロール時等で容易に確認できなかった。

工　夫　：　重機械運転者の資格確認と指定運転者を一目で確認できるようにし、顔写真等の掲示により安全運転の自覚向上を図った。

効　果　：　各重機のキーと運転者証をセットにして渡し、作業終了時に両方回収することでキーの管理に今まで以上の責任を持つようになった。また、指定者以外の運転ができなくなった。

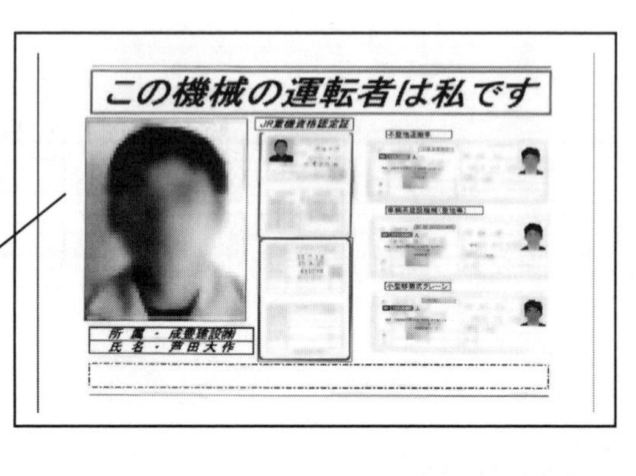

事例5　（墜落・転落防止）

橋脚築造工事における先行手すり足場

改善前　：　橋脚築造のため、高さ約 40 m足場が必要だった。通常、地上で大組した足場を吊り込み設置する場合、作業員が組立て途中（躯体側）の足場最上段に乗り作業を行う。しかし、その状態では親綱程度しかなく、安全柵を設置できず非常に墜落・転落の危険性が高い状態だった。

工　夫　：　地上で足場を大組する際に、大組する足場（これから設置する足場）最上段に先行手すりを設置することとした。

効　果　：　地上で大組した足場最上段に先行手すりを設置・組み立てることで、その上にさらに足場の嵩上げする場合の手すり（安全柵）となり、安全性が向上した。また親綱より堅固であり、作業員の安心感も増加した。

事例６（墜落・転落防止）

外部足場からの昇降設備の簡易設置

改善前　：　外部足場からバルコニー等への昇降設備を設置する期間が、躯体工事中において随時になるため、数日間は、昇降設備がない状況になってしまい、簡易に設置できる昇降設備が必要だった。

工　夫　：　外部足場のせり上時に、バルコニーステップを折りたたんで設置しておくことにより、型枠スラブ設置終了時において、すぐに昇降設備を設置できた。

効　果　：　型枠スラブ設置終了時に、すぐに昇降設備が設置できるため、昇降設備のない状況（場所・時間）がほとんどなくなった。（墜落・転落防止）

（新たに設置された昇降設備）

折りたたみ状態

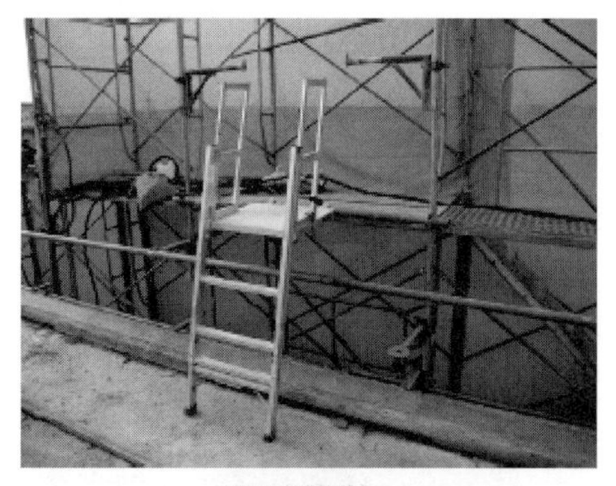

設置状態

事例７　（墜落・転落防止）

簡易設置型スリット開口部養生パイプ手すり

改善前　：　ベランダのスリップ部の開口部養生として、従来は、コンクリートに埋め込まれたＰコンのねじ穴を利用して単管パイプをフォームタイで止め、手すりとしていた。
しかし、Ｐコンをモルタルで埋めた後は、この方法を取ることができず、手すりを外したままになりがちだった。

工　夫　：　Ｕ型に折り曲げ加工した径 10 ｍｍの異形鉄筋を長さ 300 ｍｍ程度の単管パイプに溶接で固定し、この単管パイプ２組を枠組足場用端部ストッパーまたはクランプと単管で連結し開口部養生とした。
・手すりの長さが調節でき、幅に合わせ自在に対応が可能
・持運びができるように軽量化を図る
・市販品を利用して作成できる
・躯体を傷つけない

効　果　：　取付けが簡単なため、開口部を放置することがなくなり、墜落防止として有効だった。

断面図

160
溶接
150
300
200
単管パイプ
∅48.6
鉄筋D10

事例8 （安全衛生施設）

自然環境にマッチした休憩所の設置

改善前　：　自然豊かな作業環境の中、自然にマッチした仮設計画が必要であると考え、作業員休憩所にも同様のコンセプトが必要と考えていた。

工　夫　：　緑色を主体に作業員の憩いの場を作った。

効　果　：　作業員の昼食等に利用され、また、日陰の冷涼場所として多いに利用している。

＊昼食や休憩に使えるスペースに安全関連情報の掲示も行っている。

事例9

現場における「熱中症」予防対策の実施

改善前　：　熱中症対策として、ポスター等や環境安全衛生委員会での説明で現場対応していた。

工　夫　：　安全掲示板にＷＢＧＴ値の記入欄を設け、朝昼測定した数値および熱中症の注意レベルの表示を行った。

効　果　：　見える化により危険度を把握し、事前に注意喚起を行い、熱中症を予防することができた。

熱中症の注意レベルが一目でわかります！

①その日の熱中症予防情報を天気総合ポータルサイト tenki.jp から入手します。
②タイムリーな熱中症予防情報を掲示し、現場作業員に状況をお知らせします。

＊情報提供期間は例年6月頃～9月頃です。

【セット内容】

標識　Webサイトの熱中症予防情報と同じ絵柄を使用しています。

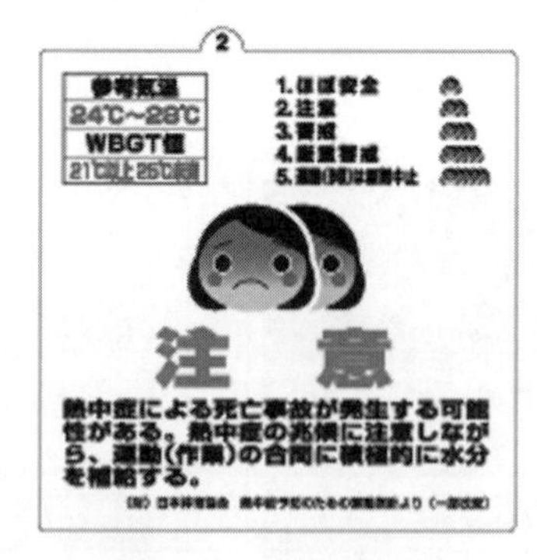

標識5枚収納ケース

第8章

リスクアセスメント

(1) リスクアセスメントとは

直訳では、リスク（危険）のアセスメント（調査・事前評価）ですが、法律用語では「危険性又は有害性の調査」となり、具体的には下記のことを実施します。

① 作業に潜在する災害・事故や疾病を洗い出し
② 洗い出した作業で「災害発生の可能性」（頻度）、「災害の重大性」（重篤度）を見積り
③ 見積もった結果から、優先度を評価し
④ 優先度に見合った除去・低減対策を立て、実施する
⑤ 実施した対策等を記録に残し、次の作業に活かす

(2) リスクアセスメントの目的

従来から行われている安全衛生管理活動は、「災害事例からの再発防止対策の実施」や「法令違反しなければよい」などの後向きな災害防止活動になりがちでしたが、リスクアセスメントを実施することにより、安全の先取り「安全先行管理の徹底」および「自主的な安全衛生活動の展開」となり、さらなる安全衛生水準の向上を図ることができます。この手法を導入してその手順を確立し、効果的に運用していくことにより、労働災害の減少を図ることが目的です。

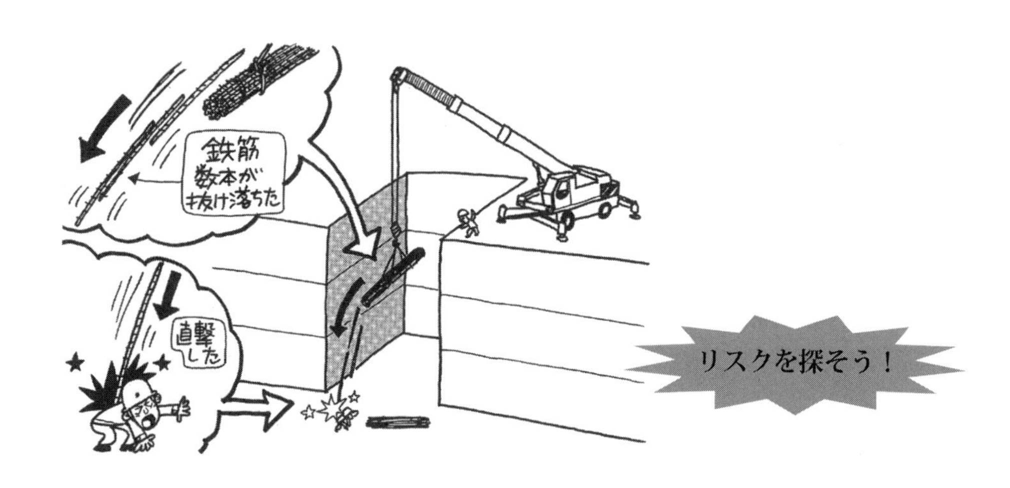

8 1 リスクアセスメントを取り入れた作業手順書

（1）作業手順書の目的とは

専門工事業者自らが毎日の作業の中で発生する「ムダ・ムラ・ムリ」を取り除き、工事を『安全に、良いものを、効率的に』行うために作成するもので、その最適の順序と急所を示したものです。

言いかえれば、作業手順書とは、作業員に作業の順序と作業のステップごとの急所を習得させて作業させることにより、安全、品質、施工能率を良くすることが目的です。

（2）リスクアセスメントの取り込み

さらに、作業手順書にリスクアセスメントの考え方、『危険性または有害性の洗い出し、見積り、評価、対策の立案』を取り込むことにより、作業手順書を充実させ、災害防止に活用することが重要になります。

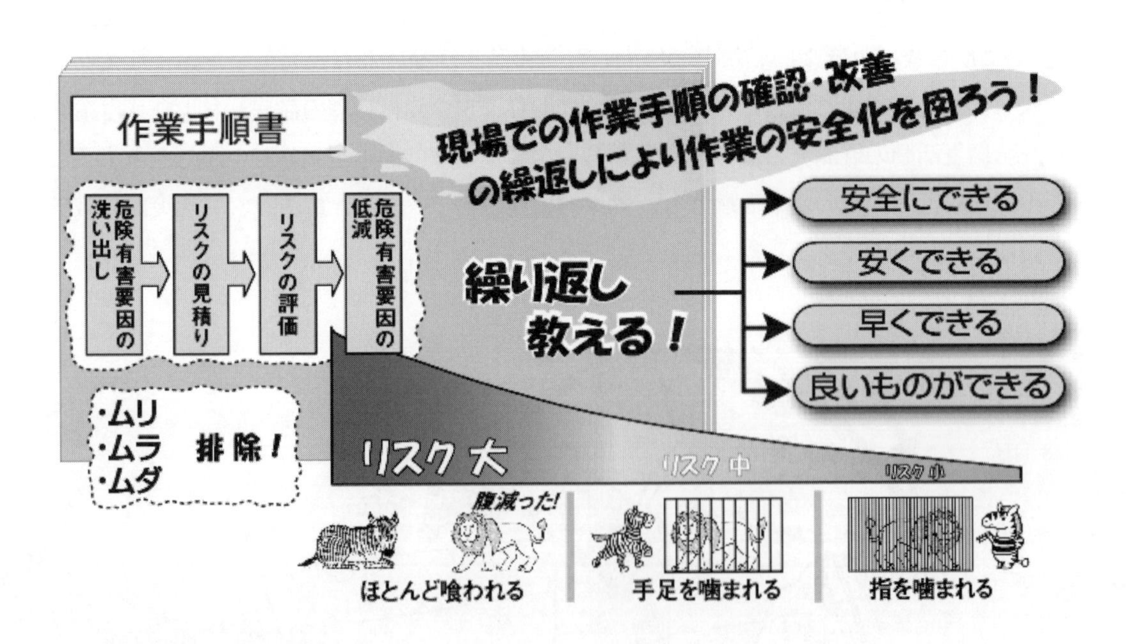

≪リスクアセスメント作業手順書の作成のポイント≫

手順
（主なステップ）

主な作業の順序に区分します。
たとえば玉掛作業の本作業では、
立入禁止措置→クレーンの移動→本作業となります。

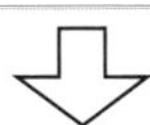

作業の急所

作業をする上で必ず守るべき項目を記入します。

危険性または有害性

危険性または有害性を引き出すことが容易なものとして次の３つがあります。

- ◆ 災害事例　◆ ヒヤリ・ハット
- ◆ ＫＹで出された危険性または有害性

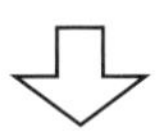

見積もり・評価

見積もり・評価の基準に基づいて危険度を決める。			
（例）			
可能性	重大性	評価	危険度
○	○	○×○＝○	ランク○

A．災害発生の可能性
（多いか少ないかを見積もる）

災害発生の可能性	点数
ほとんど起こらない	1
たまに起こる	2
かなり起こる	3

B．災害発生の重大性
（けがの程度を見積もる）

災害発生の重大性	点数
休業４日未満の災害	1
休業４日以上の災害	2
かなり起こる	3

C．リスクレベルと低減対策
リスクの見積もり点数は、災害の可能性の点数と災害の重大性の点数を掛けて算出する

評価	危険度	リスクレベルと対策
9	きわめて大きい	ランク５（即作業中止、即改善）
6	かなり大きい	ランク４（優先的に措置、改善）
4～3	大きい	ランク３（見直しを行う）
2	かなり少ない	ランク２（計画的に改善）
1	きわめて小さい	ランク１（教育や配置見直し）

防止対策

リスクの程度に応じた内容の対策を検討する。
リスク程度の高いものについては、計画時における防止対策や機械設備による本質的防止対策を考える。

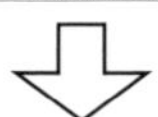

実施者

職長、安全衛生責任者、作業主任者、作業責任者、作業員など、誰が実施するのかを決める。

作業手順を取り入れた「開口部からの荷降ろし作業」のリスクアセスメント（作業状況と安全点検ポイント）

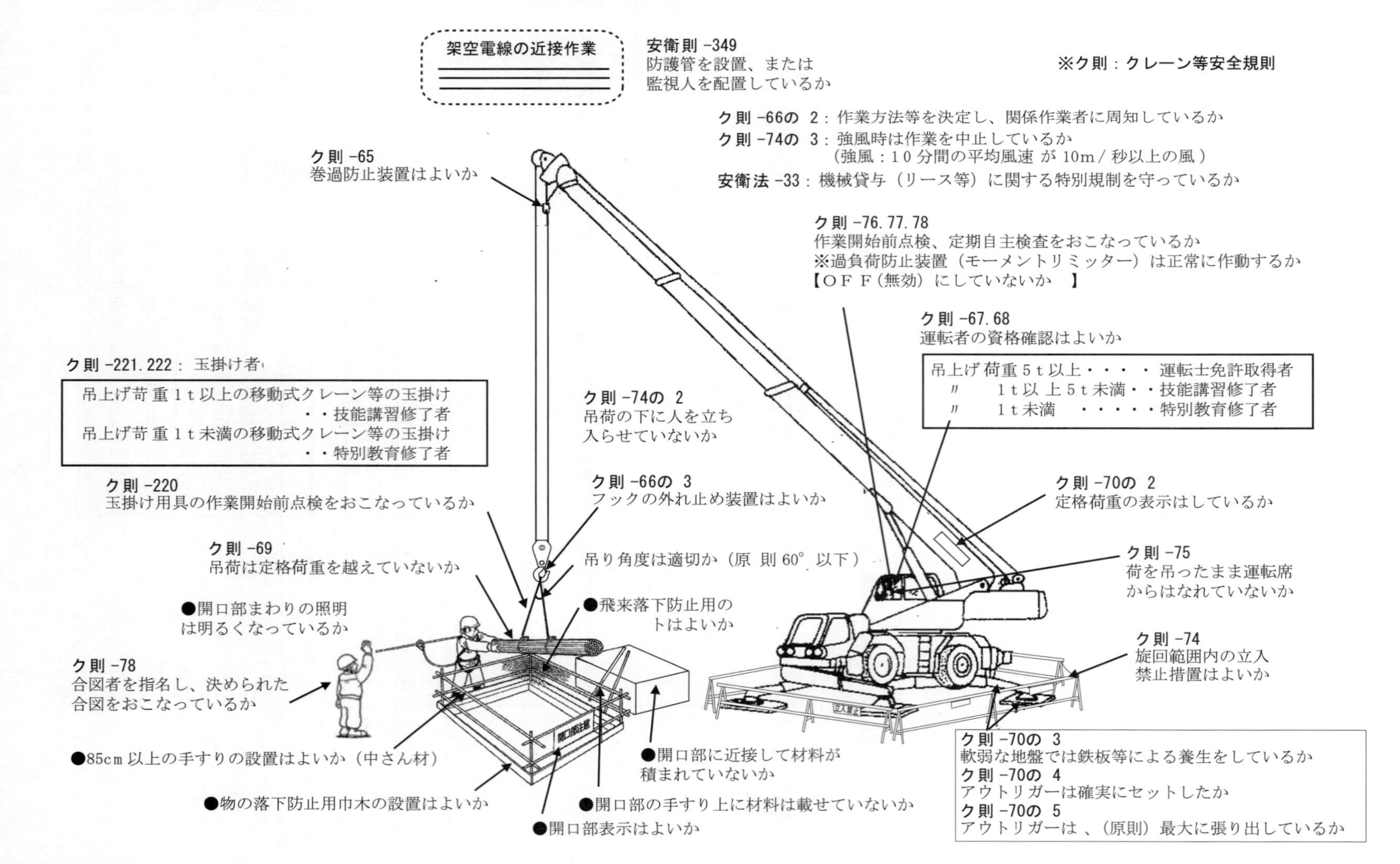

架空電線の近接作業
安衛則 -349
防護管を設置、または
監視人を配置しているか
※ク則：クレーン等安全規則
ク則 -66の 2：作業方法等を決定し、関係作業者に周知しているか
ク則 -74の 3：強風時は作業を中止しているか
（強風：10 分間の平均風速 が 10m / 秒以上の風）
安衛法 -33：機械貸与（リース等）に関する特別規制を守っているか
ク則 -65
巻過防止装置はよいか
ク則 -76. 77. 78
作業開始前点検、定期自主検査をおこなっているか
※過負荷防止装置（モーメントリミッター）は正常に作動するか
【ＯＦＦ(無効）にしていないか 】
ク則 -67. 68
運転者の資格確認はよいか
吊上げ荷重５ｔ以上・・・・運転士免許取得者
〃 １ｔ以上５ｔ未満・・技能講習修了者
〃 １ｔ未満 ・・・・・特別教育修了者
ク則 -221. 222：玉掛け者
吊上げ苛重１ｔ以上の移動式クレーン等の玉掛け
・・技能講習修了者
吊上げ苛重１ｔ未満の移動式クレーン等の玉掛け
・・特別教育修了者
ク則 -74の 2
吊荷の下に人を立ち
入らせていないか
ク則 -220
玉掛け用具の作業開始前点検をおこなっているか
ク則 -66の 3
フックの外れ止め装置はよいか
ク則 -70の 2
定格荷重の表示はしているか
ク則 -69
吊荷は定格荷重を越えていないか
吊り角度は適切か（原 則 60° 以下）
ク則 -75
荷を吊ったまま運転席
からはなれていないか
●開口部まわりの照明
は明るくなっているか
●飛来落下防止用の
トはよいか
ク則 -74
旋回範囲内の立入
禁止措置はよいか
ク則 -78
合図者を指名し、決められた
合図をおこなっているか
●85cm 以上の手すりの設置はよいか（中さん材）
●開口部に近接して材料が
積まれていないか
ク則 -70の 3
軟弱な地盤では鉄板等による養生をしているか
ク則 -70の 4
アウトリガーは確実にセットしたか
ク則 -70の 5
アウトリガーは 、（原則）最大に張り出しているか
●物の落下防止用巾木の設置はよいか
●開口部の手すり上に材料は載せていないか
●開口部表示はよいか

作業手順を取り入れた開口部からの荷降ろし作業のリスクアセスメント（例）

作業区分	作業手順	危険性または有害性要因	可能性	重大性	評価点	危険度	防止対策	実施者
準備作業	1. 作業前ミーティングを実施する	①体調不良で集中力を欠き災害に繋がる	1	2	2	2	①全員の体調を確認する	職長
		②作業手順・安全指示の漏れで災害になる	3	2	6	4	②全員に作業手順を説明し安全指示する	職長
	2. ＫＹ活動を実施する	ＫＹ活動で真の危険性・有害性を見逃す	2	3	6	4	現地ＫＹ活動を実施し危険性・有害性を調査し対策を決定する	職長
	3. 保護具の点検を行う	保護具の不備で飛散災害等にあう	1	2	2	2	全員の保護具を確認する	職長
	4. 有資格者を配置する	無資格者の運転により災害が発生する	2	2	4	3	資格を確認して適正配置する	職長
	5. 技能者・経験者を配備する	技能・経験不足により災害をおこす	2	1	2	2	技能・経験豊富な者を指名する	職長
	6. 機械・器具の始業前点検を行う	始業前点検未実施で災害をおこす	1	2	2	2	機械・器具の始業前を実施する	職長
	7. 玉掛用具の確認・点検を行う	不良玉掛けワイヤーの素線で手指にケガをする	1	2	2	2	皮手袋を使用して点検する	玉掛者
	8. 他職種と上下作業でないか	作業調整不足による飛来・落下災害にあう	2	3	6	4	打合せ時に作業調整を十分に行い輻輳（ふくそう）作業は避ける	職長
	9. クレーン周りおよび作業区画を設置する	作業範囲に入り、挟まれ、飛来・落下災害にあう	2	3	6	4	関係者以外立入禁止の措置を明確に行い明示する	誘導員
本作業	1. クレーンの足元を確認する	敷鉄板および地盤が悪く転倒する	1	3	3	3	敷鉄板および地盤耐力を確認する	運転者
	2. 吊込み、所定位置に旋回・巻き下げ確認する	①吊荷の振れで激突される	1	2	2	2	①地切り時、荷振れを確認、介錯ロープを取り付ける	玉掛者
		②吊込み時玉掛ワイヤーで手指を挟む	1	2	2	2	②玉掛ワイヤーから手を離す	玉掛者

本作業	3. 開口部の回りを点検し、落下防止養生ネットを取り外す	①不要資機材の放置で転倒する	1	2	2	2	①周辺資機材の整理・整頓を行う	作業員
		②置いてある資材部材が落下する	1	2	2	2	②落下防止用幅木の取付けを確認する	作業員
	4. 荷受の敷物準備をしておく	①不要資材につまずいて転倒する	1	1	1	1	①足元は整理・整頓しておく	作業員
		②敷物運搬・設置時に手足指を挟む	1	1	1	1	②声を掛け合い行う	作業員
	5. 安全手すりを点検し、開口部から材料を投入する	①吊荷がフックからはずれ落下する	2	3	6	4	①フックの掛かりを確認してから吊り上げる	玉掛者
		②無理に身を乗出し過ぎて墜落する	3	3	9	5	②手すりの高さ85cm以上確保、親綱、安全帯を使用する	作業員
		③吊荷が手すり等に引っかかり落下する	2	3	6	4	③合図は明確に行い、介錯ロープを有効に使用する	合図者
		④吊荷がずれて落下する	2	3	6	4	④下方の作業員は吊荷の下に入らない	作業員
		⑤工具等が落下し被災する	2	1	2	2	⑤ひも付き工具を使用する	作業員
	6. 荷受・玉掛ワイヤーを取り外す	①吊荷で手足を挟む	1	2	2	2	①荷降ろし合図は明確に行う	合図者
		②荷崩れで手足を挟む	1	2	2	2	②荷の固定（番線他）を確認する	作業員
		③荷が転がり手足を挟む	1	2	2	2	③荷の転がり防止措置をする	作業員
	7. 荷物を指定場所に移動する	不要資材で転倒する	3	1	3	1	運搬通路を確保する	作業員
	8. 開口部の周りを点検し、落下防止養生ネットを復旧する	手すりの不備、落下防止養生ネットの復旧忘れで転落する	1	3	3	3	危険箇所を確認し、是正を実施する	職長
	9. 安全標識の設置を確認する	危険注意表示がなく養生ネット等を開放し墜落する	1	3	3	3	危険注意表示を確認する	職長
片付け作業	1. 後片付けを行う	残材で転倒する	1	2	2	2	残材の撤去・片付けを行う	作業員
	2. 資機材の整理・整頓を行う	仮設資材にぶつかりケガをする	1	2	2	2	仮設資材の周りをカラーコーン等で囲う	作業員
	3. 作業終了確認を行う	危険性・有害性の点検をする	1	1	1	1	自分の持場を点検し報告する	職長

8 2 リスクアセスメント手法を組み込んだ危険予知活動

（1）危険予知活動の目的

災害発生要因を先取りし、現場や作業に潜む危険を自主的に発見し、把握、解決し一人ひとりが危険に対する感受性や集中力、そして問題解決力を高める活動で、「不安全行動災害の防止」および「自主安全管理活動の促進」を図ることを目的としています。危険予知活動をＫＹ活動と略すのは、「危険のＫ」「予知のＹ」をとって「ＫＹ活動」と表したものです。

（2）リスクアセスメントの手法を組み込んだＫＹ活動

建設業の作業は製造業と異なり、受注産業で重層請負制度の中に成り立っています。毎日の仕事は屋外作業で、移動性が激しく、その日のうちに作業が何回も変更され、危険はいつでもどこにでも存在しています。毎日毎日、時々刻々、一瞬一瞬が真剣勝負です。

そこで、現場における労働災害防止は、職長・安全衛生責任者が中心となり作業場所での「現地ＫＹ」で危険要因を発見し、さらにリスクアセスメント手法を組み込んで、最重点実施項目を特定し、一人ひとりが行動に結びつけることが目的です。

リスクアセスメントの手法を組み込んだＫＹ活動基礎４ラウンド法	
ラウンド	危険予知の進め方
１ラウンド どんな危険がひそんでいるか。 【リスクアセスメント】 **ステップ１：危険性または有害性の洗い出し**	① 作業内容を考えながら、予測できる危険をなるべくたくさん指摘し、発言する。 ② 発言は「ナニナニなのでナニナニになる」とか「ナニナニなのでどうしたときどうなる」というように、危険な状態と予測される結果について具体的に発言する。 例えば、 「足場がぬれているので、足を滑らせて墜落する」 「足場上で作業していて、滑って墜落」等 ③ 思いつきや、他人の発言に便乗し、ヒントを得てどんどん新しい発言をする。 ④ 発表された意見を批判しない。 ⑤ 発言は多いほど良い。
２ラウンド これが危険のポイントだ。 （問題の絞込み） **ステップ２：危険性または有害性の見積もりおよび評価**	① １ラウンドで発言した危険要因の評価を行う。 ② 特に重要なもの、緊急を要するものを特定する。
３ラウンド あなたならどうする。 （対策の検討） **ステップ３：危険性または有害性の防止対策**	① 危険度の最高位に特定した事項の問題点を解決するためにはどいしたらよいか、具体的な対策を立てる。 ② 対策を用紙等に書く。
４ラウンド 私たちはこうする。 （行動目標の設定）	① 出された対策のうち、グループとしてすぐ実施する必要のある対策、どうしてもやるべき対策を行動目標とする。 ② 実行可能な行動目標を決定する。

(例)

＊当日、作業終了時に提出すること

平成 ○○ 年○○月○○日 (○) 天候○○)

危険予知活動表

[会社名] ○ ○ 建 設
[グループ名] ○ ○ 班
[職長氏名] ○ ○ ○ ○

	作業内容	人員	作業配置		使用機械名及びオペレーター氏名	資格本証携帯確認
1	開口部からの荷降し	4 名	作業主任者(正)：○○○○	作業主任者(副)：○○○○	移動式クレーン (25t)：○○ ○○	済
2		名	作業主任者(正)：	作業主任者(副)：		
3		名	玉掛作業責任者：○○○○	作業指揮者(副)：		
4		名	合図者：○○○○	誘導員：		
5		名	有資格作業：玉掛技能講習：○ ○○、○○○ ○			

作業主任者の資格証は携行する
資格証は携行する
資格証は携行する

	どのような危険があるか 「災害の重大性・可能性」(1:不休・ほとんど起こらない、2:休業・たまに起こる、3:死亡,障害・かなり起こる) →	可能性	重大性	評価	危険性
1	無理に身を乗出し過ぎて墜落する	3	3	9	5
2	作業範囲に入り、挟まれ・飛来落下災害にあう	2	3	6	4
3	吊荷がフックからはずれ落下する	2	3	6	4
4	吊荷が手摺り等に引っかかり落下する	2	3	6	4
5					

評価は重大性と可能性の数値を掛け算する 危険性は評価により 9:危険性5即座に対応が必要 6:危険性4抜本的対策が必要 4又は3:危険性3対策が必要 2:危険性2注意し対策必要なし 1:危険性1対策の必要なし

私たちはこうする 危険性の高いものから低減対策を記入)＝重点目標	
1	親綱設置、安全帯の使用
3	立入禁止措置を明確に行い表示する
2	フックの掛かりを確認してから吊上げる
4	合図は明確に行い、介錯ロ

全員で復唱する為、簡潔に最後は必ず「ヨシ」で締める

ワンポイント：開口部作業、安全帯完全使用 ヨシ !!

確認事項（該当に○をつける）

健康状態確認	(済)	未	保護具・服装	(良)	否	外国人労働者	有	(無)	高齢者(60歳以上)の作業員	(有)	無	適正配置状況 (良) 否
遅刻者	(有)	無	危険作業・危険箇所の説明	(済)	未	在留資格確認	済	未	18歳未満の作業員	有	(無)	就業制限業務への配置 有 無
遅刻者とのミーティング	(済)	未	有害業務の説明	済	未	在留期限確認	済	未	女性の作業員	(有)	無	就業制限業務への配置 有 (無)

参加者氏名（フルネーム自筆サイン）					
○○ ○○	○○○ ○○	○○ ○○	○○○ ○		
○ ○○	○ ○○○	○○ ○○○	○○ ○○		

各自が、自筆でフルネームで記入

ヒヤリ・ハット報告	(有) 無	事例	クレーンで足場材を揚重する際、まだ作業員が旋回内に居るのに揚重を開始してしまった	対策	揚重の合図は、区画の明示、作業員が居ないかを確認してから行う

作業終了時の片付及び使用重機、足場、電源、火の元等の確認	(済)	未	元請確認欄
労働災害	有	(無)	

作業終了後に記入

8 3 建設業における化学物質取扱い作業のリスクアセスメントについて

1　リスクアセスメントの実施時期（安衛則第34条の2の7第1項）

＜法律上の実施義務＞

1. 対象物を原材料などとして**新規に採用**したり、**変更したりする**とき
2. 対象物を製造し、または取り扱う業務の**作業の方法や作業手順を新規に採用したり変更したりする**とき
3. 前の2つに掲げるもののほか、対象物による**危険性または有害性などについて変化が生じたり、生じるおそれがあったりする**とき
 ※新たな危険有害性の情報が、ＳＤＳなどにより提供された場合など

＜指針による努力義務＞

1. 労働災害発生時
 ※過去のリスクアセスメント（ＲＡ）に問題があるとき
2. 過去のＲＡ実施以降、機械設備などの経年劣化、労働者の知識経験などリスクの状況に変化があったとき
3. **過去にＲＡを実施したことがないとき**
 ※施行日前から取り扱っている物質を、施行日前と同様の作業方法で取り扱う場合で、過去にＲＡを実施したことがない、または実施結果が確認できない場合

2　リスクアセスメントの実施体制

リスクアセスメントとリスク低減措置を実施するための体制を整えます。

安全衛生委員会などの活用などを通じ、労働者を参画させます。

担当者	説　明	実施内容
統括安全衛生管理者など	事業の実施を統括管理する人（事業場のトップ）	リスクアセスメントなどの実施を統括管理
安全管理者または衛生管理者 作業主任者、職長、班長など	労働者を指導監督する地位にある人	リスクアセスメントなどの実施を管理
化学物質管理者	化学物質などの適切な管理について必要な能力がある人の中から指名	リスクアセスメントなどの技術的業務を実施
専門的知識のある人	必要に応じ、化学物質の危険性と有害性や、化学物質のための機械設備などについての専門的知識のある人	対象となる化学物質、機械設備のリスクアセスメントなどへの参画
外部の専門家	労働衛生コンサルタント、労働安全コンサルタント、作業環境測定士、インダストリアル・ハイジニストなど	より詳細なリスクアセスメント手法の導入など、技術的な助言を得るために活用が望ましい

※事業者は、前ページのリスクアセスメントの実施に携わる人（外部の専門家を除く）に対し、必要な教育を実施するようにします。

2　リスクアセスメントの流れ

リスクアセスメントは以下のような手順で進めます。

「ラベルでアクション」運動実施中！　職場で扱っている製品のラベル表示を確認しましょう。

第9章

資料編

9 1 三大災害の防止

三大災害とは、「墜落・転落災害」「建設機械・クレーン等災害」「倒壊・崩壊災害」のことを言います。

令和2年の建設業における死亡災害状況と三大災害の内訳は、以下の通りとなっています。

（1）災害の型別死亡災害の比率

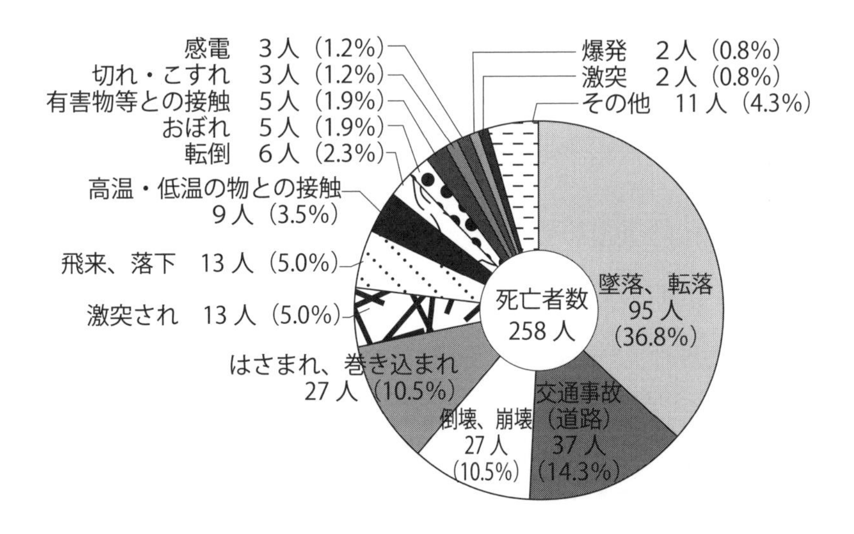

「墜落・転落災害、建設機械・クレーン等災害、倒壊・崩壊災害」（三大災害）

●墜落・転落災害 ------------------------------------95人

●建設機械・クレーン等災害------------------103人

●倒壊・崩壊災害 ------------------------------------27人

（2）墜落・転落による死亡災害の発生状況

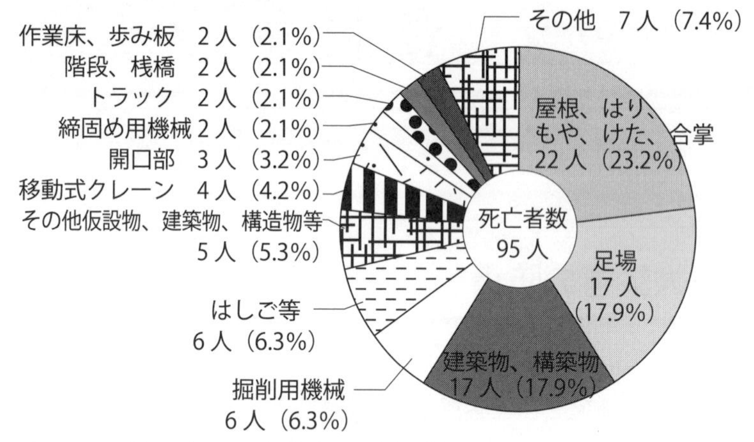

（3）建設機械・クレーン等による死亡災害の発生状況

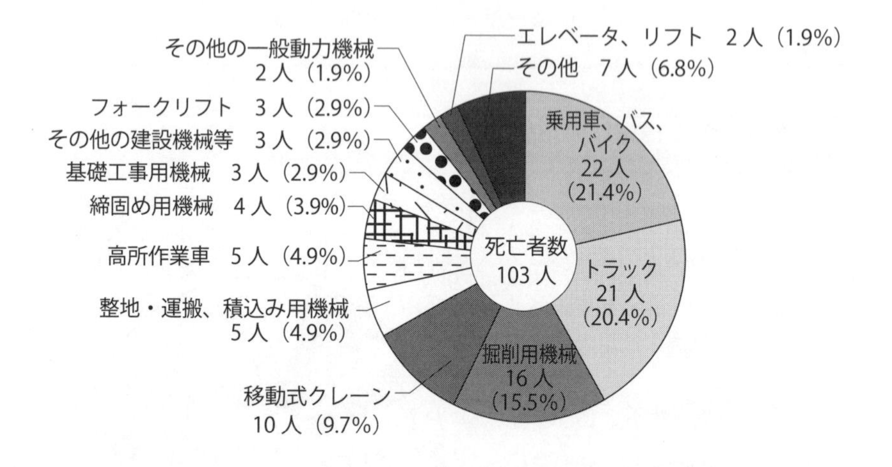

（4）倒壊・崩壊による死亡災害の発生状況

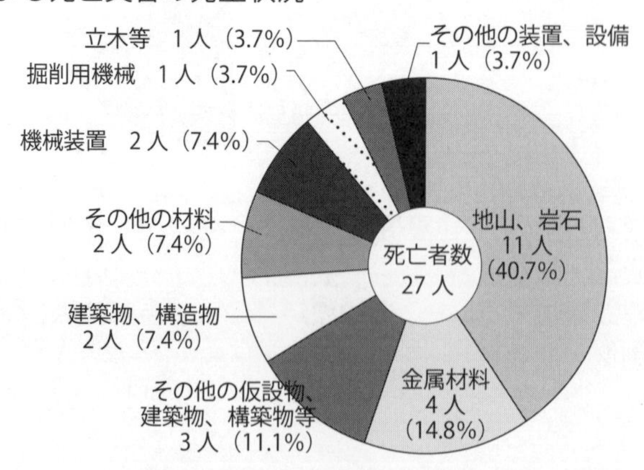

以下、三大災害における安全点検ポイントを示します。

1．墜落災害

足場の組み立て等の安全点検ポイント

足場の組立て等作業主任者の選任〈安衛則565条〉

職務〈安衛則566条〉

・材料の欠点の有無を点検し不良品を取り除く
・器具、工具、安全帯等および保護帽の機能を点検、不良品を取り除く
・作業の方法および作業者の配置を決定し、作業の進行状況を監視
・安全帯等および保安帽の使用状況を監視

作業主任者を選任すべき作業〈安衛令6条15号〉

・つり足場、張出し足場または高さが5m以上の構造の足場の組立・解体または変更の作業

特別教育〈安衛則36条〉

・足場の組立て、解体または変更の作業（地上または堅固な床上の補助作業を除く）

足場の組立て等の作業〈安衛則564条〉

・組立、解体または変更の時期、範囲および順序を作業員に周知
・作業区域内には、関係者以外の立入禁止
・悪天候時の作業中止
・足場材の緊結、取りはずし、受渡し等の作業時には、幅40cm以上の作業床（設置が困難な場合を除く）、安全帯の取付設備を設け、作業員に安全帯を使用させる等の墜落防止の措置
・材料、器具、工具等のつり上げおろし時には、つり綱、つり袋等の使用（労働者に危険を及ぼすおそれのないときを除く）

点検〈安衛則567条〉

・作業開始前に、次の設備を取り外し・脱落の有無を点検（職長等、足場使用の責任者を指名）。異常発見時は直ちに補修

イ　わく組足場（妻面を除く）

（1）交さ筋かいおよび高さ15cm以上40cm以下の桟、もしくは高さ15cm以上の幅木等

（2）手すりわく

ロ　わく組足場以外（一側足場を除く）

高さ85cm以上の手すり（これと同等以上の機能を有する設備）および

中桟等

・悪天候もしくは中震以上の地震または足場の組立て、一部解体もしくは変更後に、足場で作業を開始する前に次の事項を点検し、異常は直ちに補修

1．床材の損傷、取付および掛渡しの状態

2．建地、布、腕木等の緊結部、接続部および取付部の緩みの状態

3．緊結金具等の損傷および腐食の状態

4．上記足場用墜落防止設備等の取り外しおよび脱落の有無

5．幅木等の取付状態および取り外しの有無

6．脚部の沈下、滑動の状態

7．筋かい、控え、壁つなぎ等の補強材の取付状態および脱落の有無

8．建地、布、腕木の損傷の有無

9．突りょうとつり索との取付部の状態およびつり装置の歯止めの機能

・悪天候後等の点検を行ったときは、結果、措置内容（講じたとき）を記録し、保存（仕事が終了するまで）

つり足場の点検〈安衛則 568 条〉

・作業開始前に上記の１～５、７、９の事項を点検。異常発見時は直ちに補修

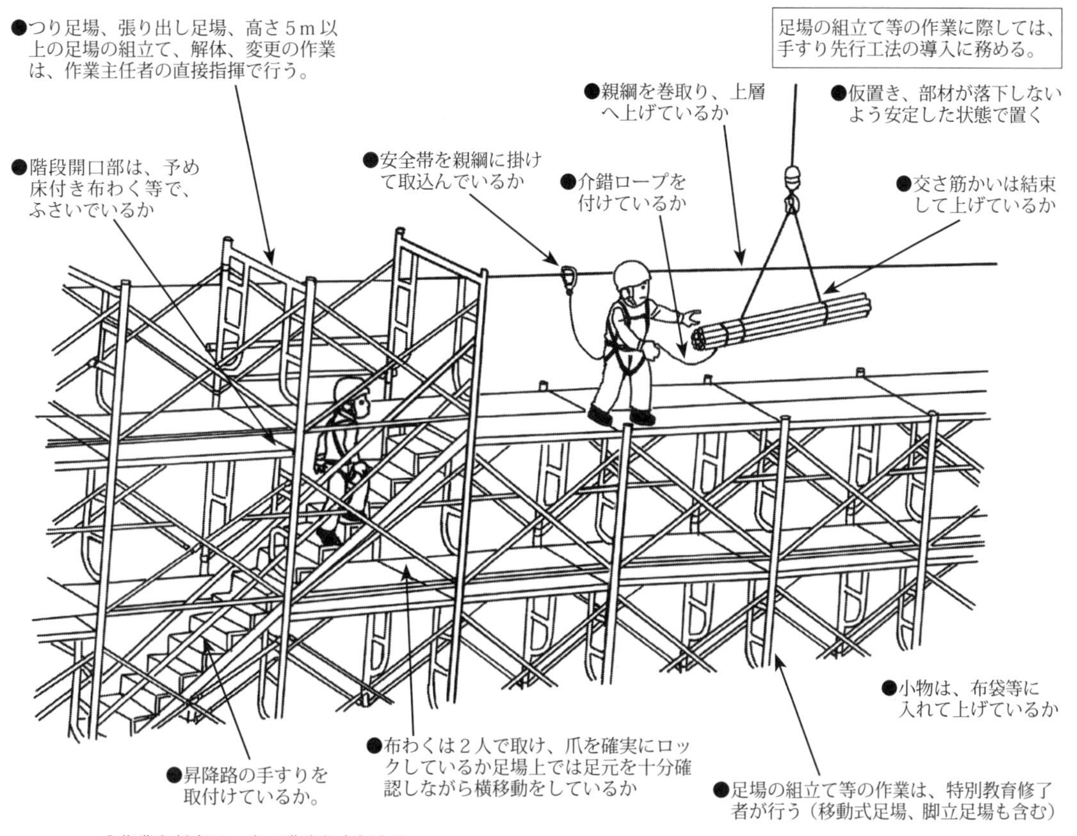

●つり足場、張り出し足場、高さ５ｍ以上の足場の組立て、解体、変更の作業は、作業主任者の直接指揮で行う。
足場の組立て等の作業に際しては、手すり先行工法の導入に務める。
●親綱を巻取り、上層へ上げているか
●仮置き、部材が落下しないよう安定した状態で置く
●階段開口部は、予め床付き布わく等で、ふさいでいるか
●安全帯を親綱に掛けて取込んでいるか
●介錯ロープを付けているか
●交さ筋かいは結束して上げているか
●小物は、布袋等に入れて上げているか
●布わくは２人で取け、爪を確実にロックしているか足場上では足元を十分確認しながら横移動をしているか
●昇降路の手すりを取付けているか。
●足場の組立て等の作業は、特別教育修了者が行う（移動式足場、脚立足場も含む）

●作業主任者は、次の職務を実行する
・作業方法、手順、墜落防止対策を組み込んだ作業計画の作成と周知
・作業員の適正配置、作業の進行状況の監視
・安全帯等の使用状況の監視

●足場の解体作業を行う場合には、順次足場が不安定になっていくので、特に安全帯の確実な使用、安全帯の取付設備の設置など、墜落防止措置を徹底する

足場作業における墜落災害事例

主な原因

- 安全帯の不使用。
- バランスをくずした。
- 足場上作業で工具等を落とし、人に当たった。
- 筋かいの間から身を乗り出して作業した。
- はまっていない布板に乗り、重みで布板が回転して落下した。
- 突風にあおられた。
- 昇降設備を使わず筋かいに足をかけて昇って、足を滑らせた。
- 足場通路の端部に手すりがなかった。
- 未結束の足場板が天秤となった。

重要ポイント

安全帯の不使用による墜落災害が多発しています。

高所作業では、必ず安全帯を使用させよう！

高所作業ではショックアブソーバー付きのフルハーネス型安全帯を使用しよう！

①フルハーネス型安全帯は、肩や腿（もも）、胸などの複数のベルトで構成され、これによって身体が安全帯から抜け出すことや、胸部・腹部を過大に圧迫するリスクを低減します。

②フルハーネス型は、宙つり状態でも身体の重心位置（腰部付近）より頭部側にＤ環を維持するため、着用者の姿勢が”逆さま姿勢”になることを防止する機能もあります。

③ショックアブソーバーは、墜落阻止時に発生する衝撃荷重を大幅に低減するためのものです。これにより、ランヤードに作用する軸力が小さくなるため、安全帯取付設備に作用する荷重が小さくなるほか、鋭利な角部等に接触した際に生じる摩擦力を小さくできるため、ショックアブソーバー機能を備えていないランヤードに比べ、ランヤードの切断リスクを低減する効果も期待できます。

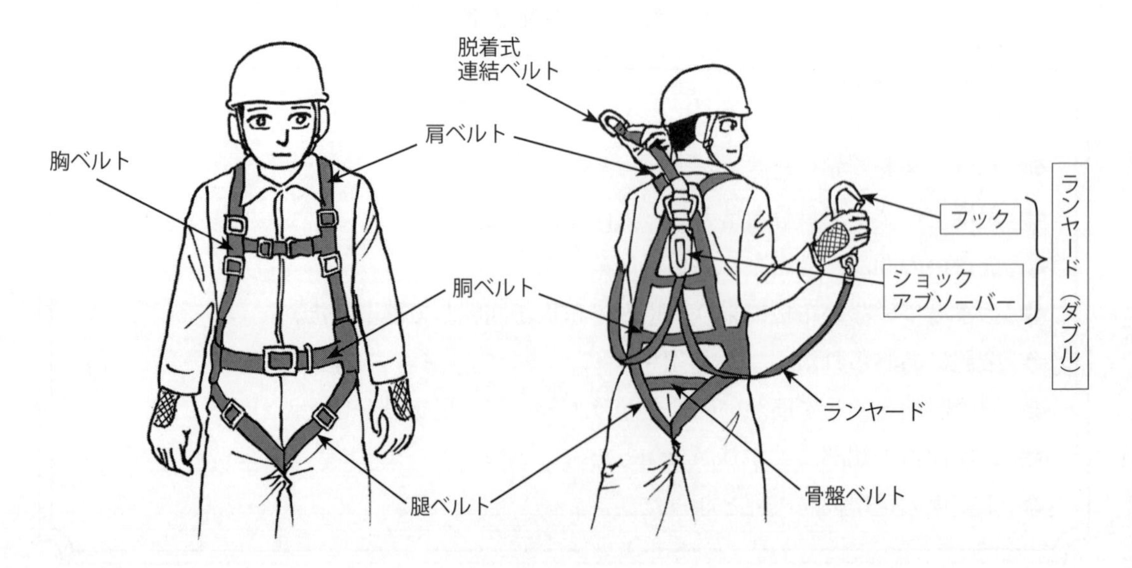

2．建設機械・クレーン災害等の防止

（1）建設機械作業

ドラグ・ショベル作業の安全点検ポイント

安衛則－ 154：事前に地形、地質の状態等の調査（記録）しているか
安衛則－ 155：重機の作業計画を定め、関係作業者に周知しているか
安衛則－ 156：地形、地質に応じた制限速度を定め、守っているか
（最高速度が 10 ㎞ / h以下の重機は除く）
安衛則－ 164：主たる用途（掘削）以外の使用をしていないか
安衛則－ 165：修理またはアタッチメントの装着、取外しの作業では作業指揮者を定めているか
安衛法－ 33：機械貸与（リース等）に関する特別規制を守っているか

安衛則－ 153：ヘッドガードを取り外していないか
安衛則－ 170：作業開始前の点検をおこなっているか
安衛則－ 167、168：定期自主点検（月次、年次）をおこなっているか
※安衛則－ 169 の 2：特定自主点検済みの検査標章を貼り付けているか

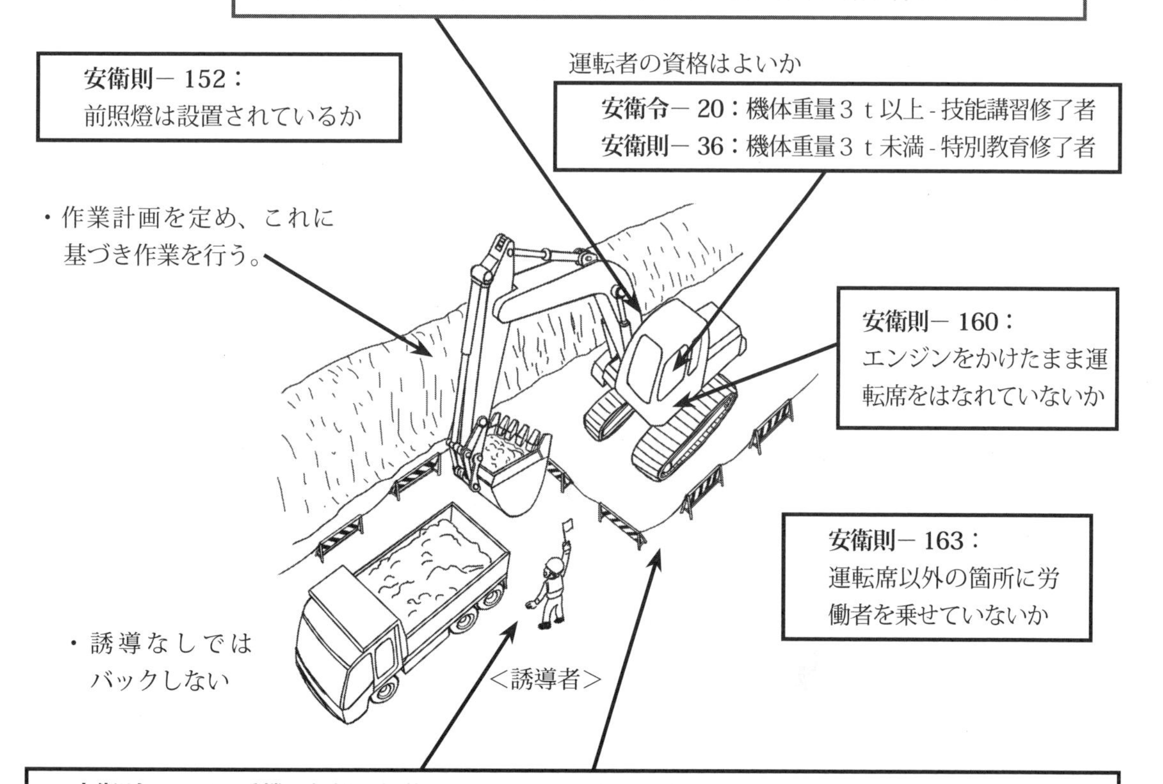
安衛則－ 152：
前照燈は設置されているか
運転者の資格はよいか
安衛令－ 20：機体重量３ｔ以上 - 技能講習修了者
安衛則－ 36：機体重量３ｔ未満 - 特別教育修了者
・作業計画を定め、これに
基づき作業を行う。
安衛則－ 160：
エンジンをかけたまま運
転席をはなれていないか
安衛則－ 163：
運転席以外の箇所に労
働者を乗せていないか
・誘導なしでは
バックしない
<誘導者>

安衛則－ 157：重機の転倒、転落のおそれがある箇所には誘導者を配置しているか
安衛則－ 158：重機と接触のおそれがある箇所は立入り禁止措置、または誘導者を配置しているか
安衛則－ 159：誘導者は決められた合図を行っているか

※特定自主検査標章

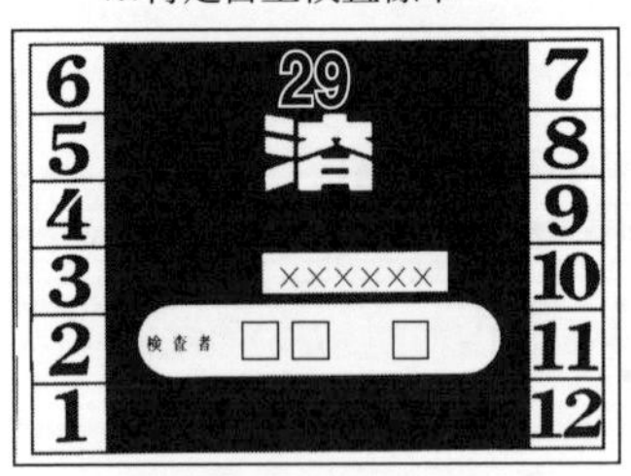

事業者内検査用標章

検査業者検査用標章

重機（バックホウ等）の災害事例

主な原因

◆ 転倒

① 無資格者が運転した。

② 用途外使用をした。

◆ 転落

① 地盤強度が十分でなかった。

② 路肩に近づきすぎた。

（傾斜面を斜め走行した）

③ 誘導員を配置していなかった。

◆ 激突され

① 立入禁止措置がなかった。

② 誘導員を配置していなかった。

③ 無断で危険な箇所に立ち入った。

◆ はさまれ・巻き込まれ

① エンジンを切らずに運転席を離れた。

② 作業服のそで等が操作レバーにひっかかり重機が旋回した。

③ 立入禁止措置がなかった。

④ 誘導者を配置していなかった。

⑤ 運転者の死角に入って作業した

⑥ ヘッドカバーを外して運転した。

⑦ 機械に不慣れだった。

重要ポイント

1. 「しかく（死角）」が問題である。

① 無資格者運転をさせない。⇒・本証携行の現物確認をする（朝礼時、ミーティング時）

・重機に運転有資格者の氏名、顔写真を掲示（貼付）する。

② 重機の死角に入らない。⇒・立入禁止の区画と表示をする。

・合図者、誘導者を配置する。

・グーパー運転の励行する。

・重機の死角を関係者に周知・教育する。

・バックホウの死角の事例

バックホウの死角範囲を認識

2. 用途外使用をさせない。黙認しない。⇒・クレーン機能付ショベルを使用する。

用途外作業の禁止

安全衛生法 労働安全衛生規則 ※全文は170ページ以降を参照

（使用の制限）

第163条　事業者は、車両系建設機械を用いて作業を行うときは、転倒及びブーム、アーム等の作業装置の破壊による労働者の危険を防止するため、当該車両系建設機械についてその構造上定められた安定度、最大使用荷重等を守らなければならない。

（主たる用途以外の使用の制限）

第164条　事業者は、車両系建設機械を、パワー・ショベルによる荷のつり上げ、クラムシェルによる労働者の昇降等当該車両系建設機械の主たる用途以外の用途に使用してはならない。

クレーン機能付油圧ショベルについて

厚生労働省労働基準局の事務連絡で、「クレーン機能を備えた車両系建設機械として認められ､移動式クレーンとして取り扱われることになりました。（平成12年2月28日付）

要旨

◆３トン未満の移動式クレーンとして使用する。
◆車両系建設機械構造規格および移動式クレーン構造規格の両方が必要です。
◆特定自主検査と移動式クレーンの定期自主検査の両方が必要です。

特徴

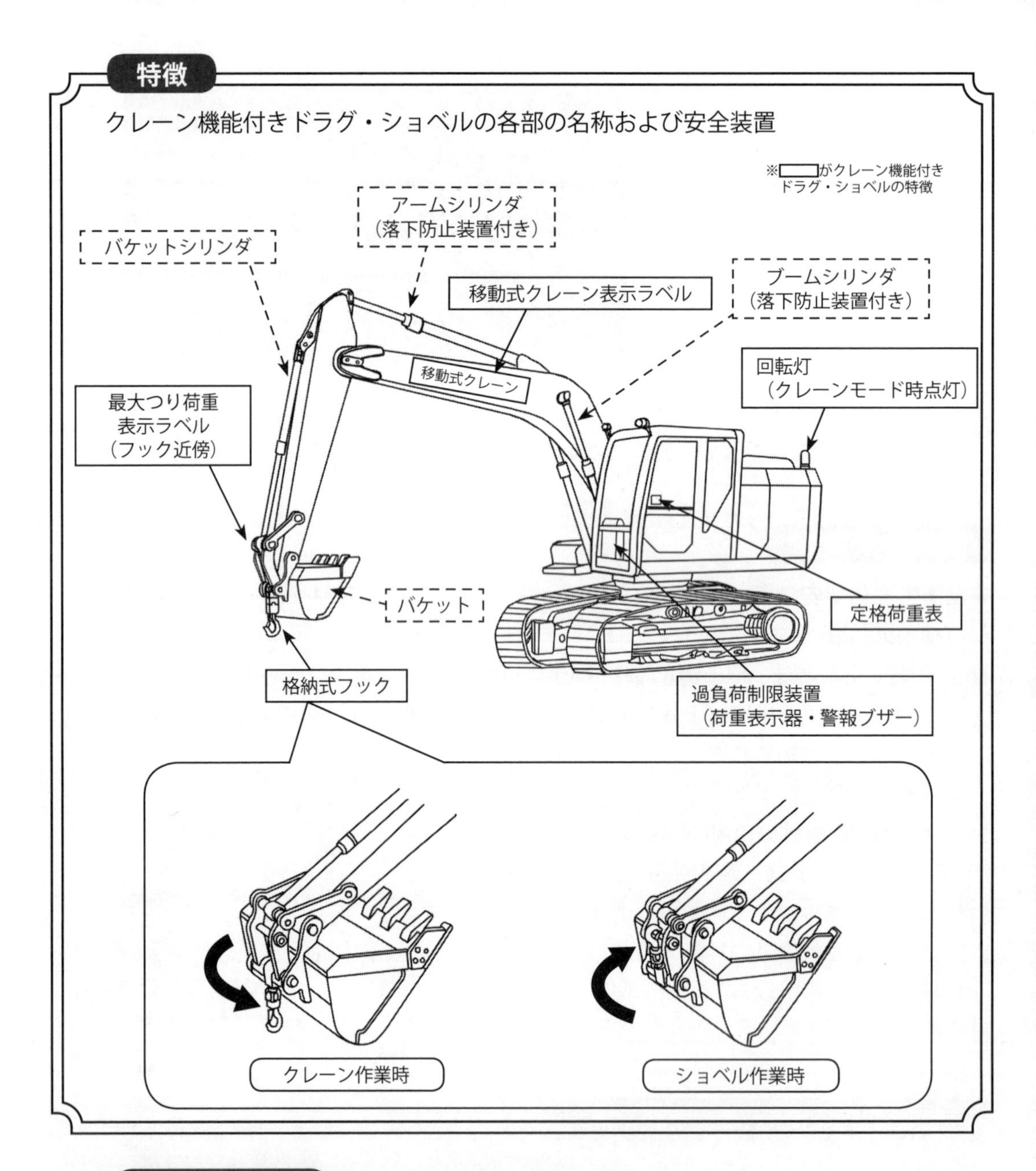

必要な資格等

◆クレーン作業：「小型移動式クレーン運転技能講習」の修了が必要です。
（移動式クレーン運転手免許でも可能）

◆掘削作業　：「車両系建設機械（整地・運搬・積込みおよび掘削用）運転技能講習」の修了が必要です。

◆玉掛け作業　：「玉掛技能講習」の修了が必要です。
（吊り上げ荷重１ｔ以上）

●合図を定め
●合図者を指名

（2）クレーン作業

クレーン作業の安全点検ポイント

クレーン則－ 66の2：作業方法を決めて関係者に周知しているか
クレーン則－ 70の3：設置する地盤の強度が十分あるか
クレーン則－ 71：合図者を決めて、合図の方法を統一しているか
クレーン則－ 74の2：つり荷の下に入らない
クレーン則－ 78：作業開始前に移動式クレーンの安全装置等の機能の点検をしているか
クレーン則－ 220：玉掛用具の使用開始前点検をしているか

①移動式クレーン作業

ク則－ 66の2：
作業計画を定め、に基づき作業を行う。

〈玉掛作業者〉
ク則－ 220：作業前に玉掛用具の点検を行う。
適切な玉掛け方法を実施し、つり荷を確実に結束する。
ク則－ 74の2：つり荷の下に入らない。

●移動式クレーンの運転は有資格者が行う
・つり上げ荷重５ｔ以上――免許取得者
・つり上げ荷重１ｔ以上５ｔ未満――技能講習修了者等
・つり上げ荷重１ｔ未満――特別教育修了者等
●玉掛けは有資格者が行う
・つり上げ荷重１ｔ以上――技能講習修了者
・つり上げ荷重１ｔ未満――特別教育修了者等

〈運転者〉
ク則－ 78：作業前に過巻防止装置、ワイヤロープ、フックの外れ止め等の点検を行う。
ク則－ 70の3：十分な強度のある場所に据え付ける（軟弱な地盤等では敷板の設置等を行う）。
ク則－ 70の4、5：アウトリガーは確実に張り出す。
ク則－ 69：定格荷重を超えて荷をつる等の無理な運転はしない。
安則－ 29の1：安全装置を無効にして運転は行わない。
基発218号：横引き、斜めつり等の無理な作業をしない

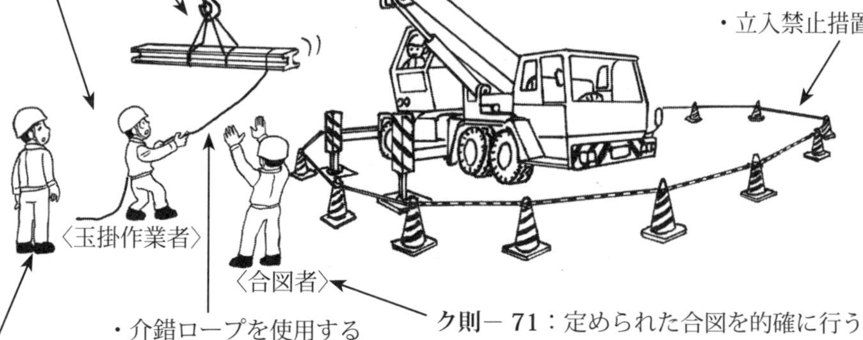
・つり角度は
60度以内
・立入禁止措置を実施する
〈玉掛作業者〉
〈合図者〉
・介錯ロープを使用する
ク則－ 71：定められた合図を的確に行う

〈玉掛作業責任者〉　ク則―221条
・関係者を集めて作業の概要、作業の手順の打合せを行う
・つり荷の重さ、数量等、玉掛用具の種類等、玉掛方法等の確認を行う
・クレーンの据付状況、作業範囲の状況の確認を行う

②玉掛け作業

●玉掛けは有資格者が行う
- ・つり上げ荷重１ｔ以上—技能講習修了者
- ・つり上げ荷重１ｔ未満—特別教育修了者等

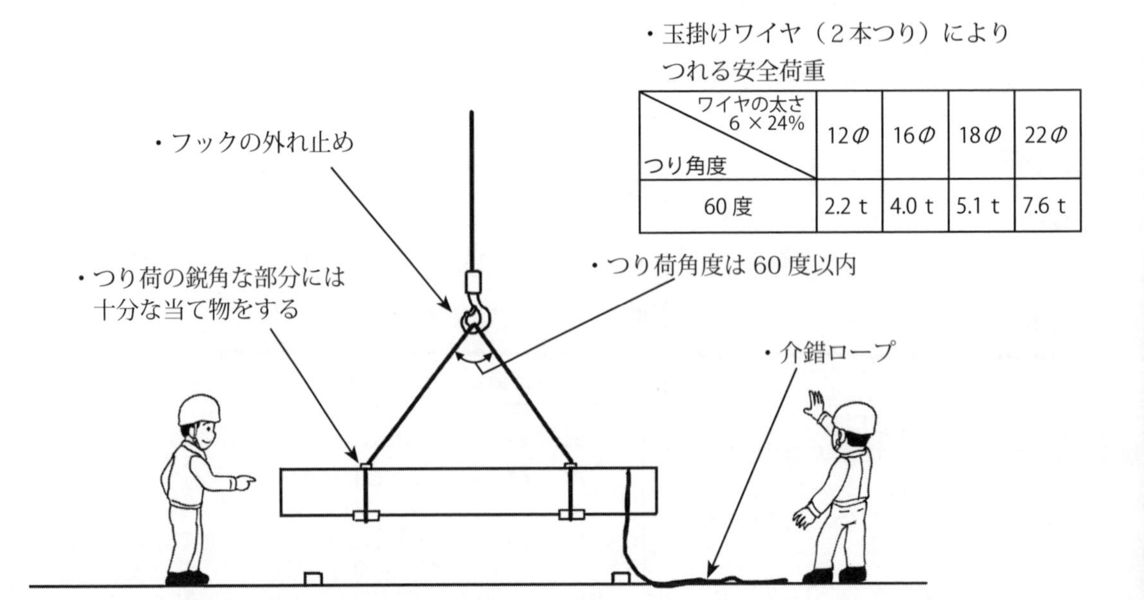

ワイヤの太さ 6×24% ／ つり角度	12Φ	16Φ	18Φ	22Φ
60度	2.2 t	4.0 t	5.1 t	7.6 t

- ・荷の重心、重量を確認する
- ・一本づりをしない
- ・長尺物は横振れを防ぐための介錯ロープを使用する
- ・地切りをし、つり荷の安全を確かめてからつり上げる
- ・玉掛けワイヤロープの違いを確かめて使用する
- ・複数のつり荷は必ず結束する
- ・玉掛けワイヤロープを絞ってつる

玉掛けの「３・３・３運動」の例

ステップ１	玉掛けして３秒：玉掛けワイヤロープは二本つり、つり角度は60度以内を確認
ステップ２	地切りは30cm巻き上げ、重心、玉掛けワイヤロープの掛かり具合を点検
ステップ３	巻き上げは、つり荷から３m離れて合図、誘導

移動式クレーンの災害事例

主な原因

①つり荷の落下
- 玉掛けワイヤが外れて落下
- 玉掛けワイヤが切れて落下
- クレーンの巻き上げワイヤが切れて落下
- 旋回時に荷が振れて落下

②機体の転倒
- アウトリガーが沈下して転倒
- AML 装置を切り過負荷になり転倒
- アウトリガーを全周張出しせず転倒

③ジブの折損
- 起伏ワイヤが切れてジブ折損
- 強風にあおられてジブが折損
- 障害物に接触（衝突）し折損

④その他
- 高圧電線に近接、接触し、感電
- 玉掛け時の地切の確認不足で荷が転倒
- 玉掛け時、荷振れして、荷に激突された
- つり荷の長尺物が風で回転して激突した

3. 土砂崩壊災害

土砂崩壊防止の安全点検ポイント

安衛則－369：土止め支保工の構造は、設置場所に応じた堅固なものか
安衛則－370：土止め支保工の組立図を作成し、組み立てているか
安衛則－374、375：作業主任者の直接指揮で、土止め支保工の作業をしているか
安衛則－368：土止め支保工材料に、不良材を使用していないか
安衛則－371：土止め支保工の部材は、脱落等のないよう堅固に取り付けてあるか
安衛則－373：支保工設置後７日を越えない期間ごと、および中震（震度４）以上の地震後、大雨等により地山が急激に軟弱化するおそれのある時に、点検項目に従い点検しているか

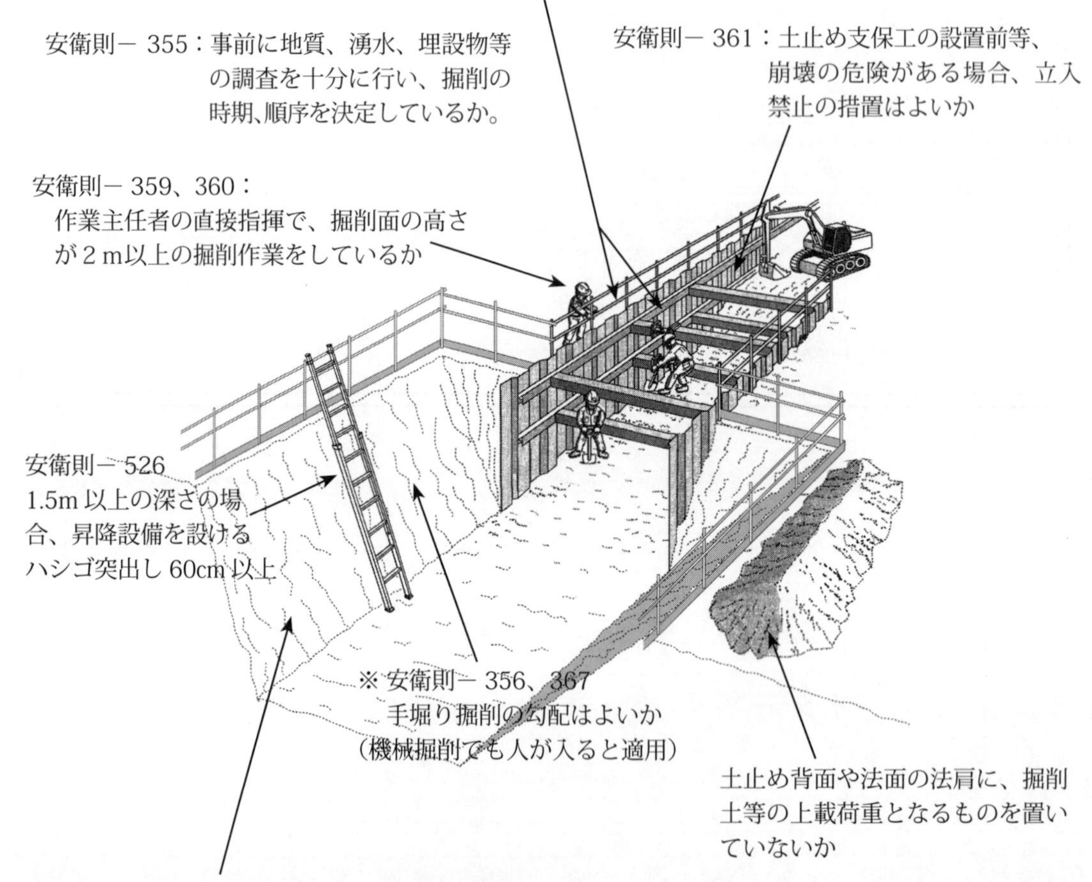

安衛則－ 355：事前に地質、湧水、埋設物等の調査を十分に行い、掘削の時期、順序を決定しているか。
安衛則－ 361：土止め支保工の設置前等、崩壊の危険がある場合、立入禁止の措置はよいか
安衛則－ 359、360：作業主任者の直接指揮で、掘削面の高さが２m以上の掘削作業をしているか
安衛則－ 526
1.5m 以上の深さの場合、昇降設備を設ける
ハシゴ突出し 60cm 以上
※ 安衛則－ 356、367
手堀り掘削の勾配はよいか
（機械掘削でも人が入ると適用）
土止め背面や法面の法肩に、掘削土等の上載荷重となるものを置いていないか
安衛則－ 358：点検者を指名し、作業開始前および大雨、中震（震度４）以上の地震後に、作業箇所および周辺の地山について点検しているか

※ 安衛則－356　掘削面のこう配の基準
手堀り掘削（掘削面に、奥行きが２m以上の水平な段がある時は、段毎の掘削面について適用）の場合

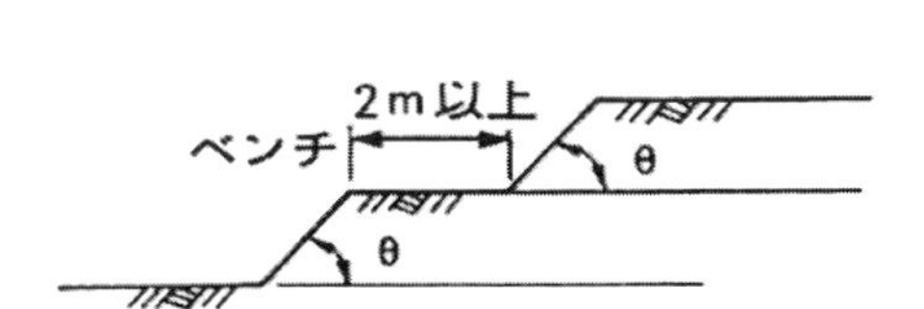

手掘りによる掘削面のこう配と高さの基準（安衛則 356、357）

地山の種類	安衛則上の掘削面のこう配と高さ		こう配の換算		
	こう配	高さ			
岩盤または堅い粘土	90°以下	5m未満	0	直	90°
	75°以下	5m以上	0.3	3分	73°20′
その他の地山	90°以下	2m未満	0	直	90°
	75°以下	2m以上 5m未満	0.3	3分	73°20′
	60°以下	5m以上	0.6	6分	59°
砂	35°以下または5m未満		1.5	1割5分	33°40′
発破等で崩落しやすい状態になっている地山	45°以下または2m未満		1.0	1割	45°

土砂崩壊の災害事例

主な原因

- 適切な作業計画、組立図を作成していなかった。
- 地山の掘削、土止め支保工作業主任者を選任していなかった。
- 土止め支保工設置前に危険な掘削場所に入った。
- 地山の点検が不十分だった。
- 地質に合った安定法面が確保されていなかった。
- 地山の点検が不十分だった。
- 立入禁止措置がなかった。
- 危険な場所に立ち入った。
- 横矢板の長さ（かかり）が不足していた。
- 作業主任者が土質の判断を誤り、山止めを省略した。
- 危険なすかし掘りをした。
- 法肩付近に掘削土を仮置きした。
- 雨の降った翌日、雨水浸透トレンチの影響により地盤が緩んだ。
- 埋戻しの安全な法勾配が確保されていなかった。

重要ポイント

なぜ、浅くて幅のせまい溝掘りは危険なのか？

作業者の閉塞感が乏しく危険軽視になりがちである。

土砂崩壊が起こると逃げ場がなく、急激に胸部圧迫を受け呼吸困難となり死亡にいたることが多い。

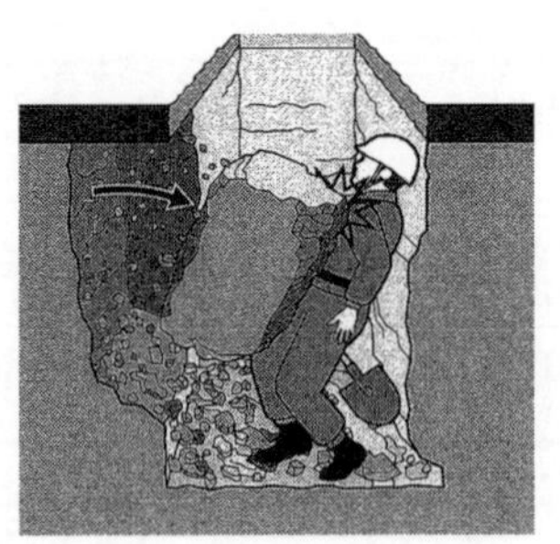

土止めを先行しよう!
土砂崩壊
肌落ち
崩落
倒壊

溝崩壊のパターン

◆表層すべり

溝壁面の土砂の浅い部分が滑り落ちる崩壊の型。

◆滑動または円弧すべり

表層すべり型に比べ比較的、崩壊土塊が大きく、すべり面がより深部にある崩壊の型。

◆はくり倒壊

びょうぶや壁が倒れるように土塊がはくりして溝内に崩壊する型。

◆落下

溝壁面の一部の塊まり（締まった土、岩石等）が抜け落ちる崩壊の型。

9 2 業務上疾病

疾病については、業務との間に相当因果関係が認められる場合（業務上疾病）に労災保険給付の対象となります。

業務上疾病とは、労働者が事業主の支配下にある状態において発症した疾病のことを意味しているわけではなく、事業主の支配下にある状態において、有害因子にばく露したことによって発症した疾病のことをいいます。例えば、労働者が就業時間中に脳出血を発症したとしても、その発生原因に足り得る業務上の理由が認められない限り、業務と疾病との間には相当因果関係は成立しません。

一方、就業時間外における発症であっても、業務上の有害因子にばく露したことによって発症したものと認められれば業務と疾病との間に相当因果関係が成立し、業務上疾病と認められます。

一般的に、労働者に発症した疾病について、次の３要件が満たされる場合には、原則として業務上疾病と認められます。

① 労働の場に有害因子が存在していること

業務に内在する有害な物理的因子、化学物質、身体に過度の負担のかかる作業、病原体などの諸因子を指します。

② 健康障害を起こしうるほどの有害因子にさらされたこと

健康障害は、有害因子にさらされることによって起こりますが、その健康障害を起こすに足りる有害因子の量、期間にさらされたことが認められなければなりません。

③ 発症の経過および病態が医学的にみて妥当であること

業務上の疾病は、労働者が業務に内在する有害因子に接触することによって起こるものなので、少なくともその有害因子にさらされた後に発症したものでなければなりません。

しかし、業務上疾病の中には、有害因子にさらされた後、短期間で発症するものもあれば、相当長期間の潜伏期間を経て発症するものもあり、発症の時期は有害因子の性質や接触条件などによって異なります。

したがって、発症の時期は、有害因子にさらされている間またはその直後のみに限定されるものではありません。

※労働基準法施行規則　別表第一の二（第 35 条関係）

※次ページ「建設業で多い主な業務上疾病」参照。

建設業で多い主な業務上疾病

<table>
<tr><th>種　　類</th><th>多い職種や作業</th><th>発生要因</th><th>対　　策</th></tr>
<tr><td>腰痛症</td><td>重量物の取扱・運搬を伴う職種
中腰等不自然な姿勢での長時間作業
腰部の伸展が出来ない窮屈な姿勢で行う作業</td><td>腰部に対する過度な重量負担や慢性筋肉疲労</td><td>重量物の取扱重量の考慮荷姿の改善、重量の明示作業姿勢、動作の工夫による負担減、取扱時間の短縮</td></tr>
<tr><td colspan="4">
</td></tr>
<tr><td>振動障害</td><td>手持振動工具（チェーンソー、刈り払い機、削岩機、チッピングハンマー、タイタンパー、コンクリートブレーカ、携帯用研削盤、鋲打ち機）等を取り扱う作業</td><td>振動による手指の収縮による血液の流れの減少、末梢神経や骨、関節、筋肉の障害</td><td>振動工具の振動を小さくする、工具に防振座や防振ハンドルを取り付ける、作業者に防振手袋を使用させる、作業方法の変更と操作時間の短縮、特殊健康診断の受診</td></tr>
<tr><td colspan="4">
</td></tr>
</table>

種　　類	多い職種や作業	発生要因	対　　策
酸素欠乏症	地下作業、マンホール内作業、隧道工事	酸素不足	換気措置、酸素濃度測定安全性の確認、危険表示と監視人の配置

一般の空気中酸素濃度は約21％

酸素欠乏症は人体が酸素濃度18％未満である環境で発生

酸素濃度16％：　呼吸脈拍増、頭痛悪心、はきけ、集中力の低下

酸素濃度12％：　筋力低下、めまい、はきけ、体温上昇

酸素濃度10％：　顔面蒼白、意識不明、嘔吐、チアノーゼ

酸素濃度8％：　失神昏睡、7～8分以内で死亡

酸素濃度6％：　瞬時に昏倒　けいれん、呼吸停止、6分で死亡

種　　類	多い職種や作業	発生要因	対　　策
一酸化炭素等有毒ガス中毒	通気不十分な場所における暖房用器具・練炭コンロ等の不完全燃焼、ガソリンエンジン等の稼働/地下空間などで換気が悪い場合、タンク内の炭酸ガスアーク溶接作業、ダクト内の被覆アーク溶接作業	一酸化炭素濃度の高い空気への暴露、高濃度の一酸化炭素を吸引による中毒　肺から血中に入った一酸化炭素が赤血球中のヘモグロビンと結合して体の組織が酸素不足に陥る	一酸化炭素ガス濃度計での計測確認、十分な換気の確認、呼吸用保護具の使用

空気中の一酸化炭素濃度と吸入時間による中毒症状

濃度	症状
1.28％	1～3分間で死亡
0.32％	5～10分間で頭痛・めまい、30分間で死亡
0.16％	20分間で頭痛・めまい・吐き気、2時間で死亡
0.04％	1～2時間で前頭痛・吐き気、2.5～3.5時間で後頭痛

基安化発1206第1号
平成28年12月6日

都道府県労働局労働基準部健康主務課長　殿

厚生労働省労働基準局
安全衛生部化学物質対策課長

一酸化炭素中毒による労働災害の発生状況等について

一酸化炭素中毒による労働災害については、労働安全衛生規則（昭和47年労働省令第32号）第578条（内燃機関の使用禁止）及び各種通達等に基づき、これまでも予防対策の徹底を図ってきたところであるが、今般、別添1のとおり、昨年の一酸化炭素中毒による労働災害の発生傾向等を取りまとめ、死亡災害の発生している建設業の関係団体あてに活用を要請したので、関係事業者等に対する指導等の参考とされたい。

なお、食料品製造業等事業場における一酸化炭素中毒の防止については、別添2の経済産業省からの要請事項について留意の上、各種機会を捉え、管内の関係団体等に対する周知等に努められたい。

（基本通達）
・一酸化炭素による労働災害の防止について（平成23年7月22日基安化発0722第2号）

近年における一酸化炭素中毒による労働災害（例）

業種	被災状況	発生状況	発生原因
建設業	中毒1名	マンション新築現場の通風が不十分な躯体内において、内燃機関式のコンプレッサーを用いてバルコニー天井の吹付塗装作業を行っていたところ、当該コンプレッサーを吹付塗装を行う作業エリア内に設置していたため、一酸化炭素が充満し中毒になった。	換気が不十分な場所での内燃機関の使用 作業標準不徹底 作業標準書未作成
建設業	中毒4名	地面を掘削して作った穴の内部で、コンクリートブロック型枠の部品に溜まった水が凍結しないよう、練炭を燃やしていたところ、穴の中で型枠組立作業を行っていた作業者4名が一酸化炭素中毒になった。型枠全体をブルーシートで養生していた。	換気不十分 呼吸用保護具未着用 一酸化炭素濃度測定未実施 危険有害性の認識不足
建設業	中毒4名	休憩時間中に資材小屋内において、ガソリンエンジン式発電機の排気ガスで暖をとっていたところ、4名が気分が悪くなり、一酸化炭素中毒となった。	換気が不十分な場所での内燃機関の使用 安全衛生教育不十分
建設業	中毒3名	店舗の天井の塗装工事中、発電機を建物外に置かず店舗内の扉近くに置き、開口部を2方向設け扇風機で発電機に向かって風を送っていた。気分が悪くなり、受診し一酸化炭素中毒と診断された。	換気が不十分な場所での内燃機関の使用 危険有害性の認識不足
建設業	中毒1名	飲食店舗内の冷凍機等設置工事現場において、被災者はコンクリートカッターで土間を切断する工事を行っていたところ、気分不良を訴えて休憩していたが、その後会話もできない状態となった。救急搬送され一酸化炭素中毒と診断された。	換気が不十分な場所での内燃機関の使用 呼吸用保護具未着用

建設業	中毒2名	工場内に足場で囲いを作り、粉じん飛散防止のためにシートで目張りしたエリア内で、作業者2名がエンジン式のロードカッターを30分間使用し退室した。その後、天井板の撤去を作業者4名が同エリア内で開始ししたところ、約40分後、3名が体調不良を訴え、うち2名が救急搬送された。一酸化炭素中毒と診断された。	換気が不十分な場所での内燃機関の使用 呼吸用保護具未着用 作業標準未作成 危険有害性の認識不足 安全衛生教育不十分
建設業	中毒2名	建物解体工事現場で、被災者らはガソリン式高圧洗浄機を使用して居室天井部分の断熱材をはがす作業を行っていた。洗浄機は隣接する廊下に設置し、排気ガスをその廊下に排出していたが、作業現場を訪れた責任者が、倒れている被災者2名を発見し、病院にて一酸化炭素中毒と診断された。	換気が不十分な場所での内燃機関の使用 安全衛生教育不十分
運輸業	死亡1名	被災者は、午前7時ごろ、プラットホームに隣接する小屋内において、何らかの理由で出入口のシャッターを開けないまま、除雪機を暖気運転していたところ、小屋内に充満した一酸化炭素により、中毒を発症した。	換気が不十分な場所での内燃機関の使用 作業標準不徹底 安全衛生教育不十分

資料出所：厚生労働省

トンネルで酸欠事故

長崎市のトンネル工事現場で、補修作業をしていた男性作業員4人が酸欠のような状態になり搬送された。うち1人が死亡。坑内で発電機を使い続けることで生じた一酸化炭素により、中毒となったとみられる。

当時現場にあった大型発電機のほか、電気ドリルを使うため別の発電機を坑内に持ち込んで作動させており、事故後に消防が坑内を調べたところ、一酸化炭素（CO）が充満していた。県警は、追加したガソリン式発電機の不完全燃焼によりCOが発生し中毒になった可能性があるとみている。

業者側は坑内でガソリンを使う発電機を使ったと説明し、送風機も設置していたとしている。しかし、換気が不十分な場所で発電機を使うと不完全燃焼を起こして一酸化炭素が発生する可能性がある。

種　　類	多い職種や作業	発生要因	対　策
じん肺(石綿肺、溶接工肺含む)、職業ガン	トンネル等坑内作業員、コンクリート解体作業員、石綿建材取扱作業、溶接工	粉塵に長期間さらされるために起こるじん肺、発ガン因子吸入によるガン	粉塵の発散を抑制、発生抑制、換気装置等による換気の実施、粉塵濃度の等の測定、電動ファン付呼吸用保護具・防塵マスクの使用
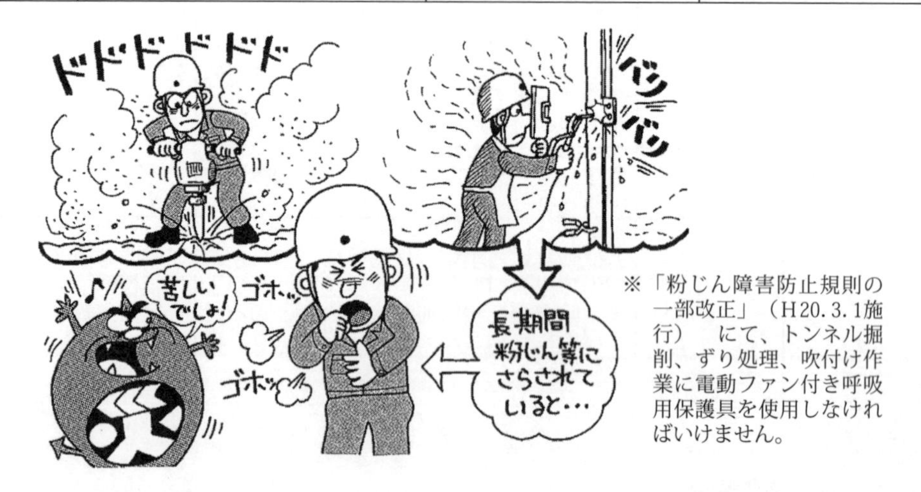 ※「粉じん障害防止規則の一部改正」（H20.3.1施行）　にて、トンネル掘削、ずり処理、吹付け作業に電動ファン付き呼吸用保護具を使用しなければいけません。			
有機溶剤中毒	塗装作業、内装作業	有機溶剤の吸入や皮膚吸収による精神神経障害、血液障害	有機溶剤に接触させない作業方法の改善、局所排気装置の設置、保護手袋等の使用

屋外で金属をアーク溶接する作業等が呼吸用保護具の使用対象になります。

平成２４年４月１日より、粉じん障害防止規則およびじん肺法施行規則が改正されます。

これにより、屋外における金属をアーク溶接する作業と、屋外における岩石又は鉱物の裁断等の作業について、新たに以下のとおりの措置が必要になります。

○屋外で金属をアーク溶接する作業について

○　呼吸用保護具（防じんマスク）の使用

○　休憩設備の設置

※粉じん作業場以外の場所に休憩設備の設置が必要となります。

○　じん肺健康診断の実施

※常時アーク溶接作業を行う事業場で必要となる措置です。
※屋外でのみアーク溶接作業を行っていた事業場においても実施が必要となります。

○　じん肺健康管理実施状況報告の提出

※常時アーク溶接作業を行う事業場で必要となる措置です。
※屋外でのみアーク溶接作業を行っていた事業場においても実施が必要となります。

○屋外で岩石・鉱物を裁断等する作業について

○　呼吸用保護具（防じんマスク）の使用

厚生労働省・都道府県労働局・労働基準監督署
平成２４年３月

屋外で岩石・鉱物の研磨・ばり取り作業を行う事業者・作業員の方へ

平成26年7月31日から、屋外での岩石・鉱物の研磨・ばり取り作業も呼吸用保護具の使用対象になります

「粉じん障害防止規則」の改正により、手持式または可搬式動力工具※1を使用した岩石※2・鉱物※3の研磨・ばり取り作業を行う事業者は、平成26年7月31日からは、屋内※4・屋外を問わず、その作業に従事する労働者に、有効な呼吸用保護具（防じんマスク）※5を使用させなければなりませんので、ご注意ください。

※1　研磨材を使うものに限る

※2　一種または数種の鉱物の集合体のうち、形状が岩状または塊状のもの

※3　地殻中に存在し、物理的・化学的にほぼ均一で一定の性質を持つ固体物質と、その人工物（鉱さい、活性白土、コンクリート、セメント、フライアッシュ、クリンカー、ガラス、人工研磨材、耐火物、重質炭酸カルシウム、化学石こうなど）

※4　坑内またはタンク、船舶、管、車両などの内部を含む

※5　国家検定に合格したもの

手持式または可搬式動力工具による岩石・鉱物の研磨・ばり取り作業

［従来］
屋内で行う場合に限り、有効な呼吸用保護具（防じんマスク）が必要

［平成26年7月31日以降］
作業場所（屋内・屋外）にかかわらず必要

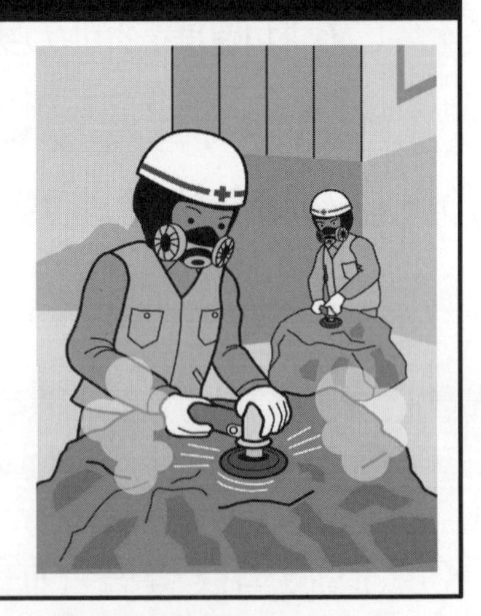

詳細は、都道府県労働局または労働基準監督署にお尋ねください。

厚生労働省・都道府県労働局・労働基準監督署

平成26年7月

種　　類	多い職種や作業	発生要因	対　　策
熱中症 Ⅰ度　熱痙攣 　　　熱失神 Ⅱ度　熱疲労 Ⅲ度　熱射病 　　　（日射病） 	・炎天下での屋外作業 ・外気が入らず空気の動きがない閉塞した屋内作業 ・高温多湿な場所での作業	・発汗による体温調整が間に合わない ・睡眠不足や体調不良など ・糖尿病や高血圧症など、薬の常用により適度な塩分摂取ができない	・WGBT の把握とその指数を下げるための作業環境管理 WGBT（暑さ指数） ・休憩場所および休憩時間の適正管理 ・日常の労働者の健康管理 ・教育 ・応急措置の周知
騒音性難聴 	坑内作業、発破作業、コンクリート解体作業	内耳神経等、感音器官のマヒ	騒音源の除去または減弱、遮音吸音、騒音源の隔離、保護具の使用、騒音暴露時間の短縮、工法・機械の変更

種　　類	多い職種や作業	発生要因	対　　策
硫化水素等有毒ガス中毒	地下作業、マンホール内作業、圧気工法作業、隧道工事、溶接作業	炭酸ガス、メタンガス等の突出による窒息、有毒ガス吸入による中毒	危険場所の把握と周知の徹底、適切な酸素濃度等の測定及び継続的な換気の実施、空気呼吸器等の備付け、地質及び環境の調査

下水道マンホールに入って写真撮影時に被災
救出に入った２名も被災（二次災害）。

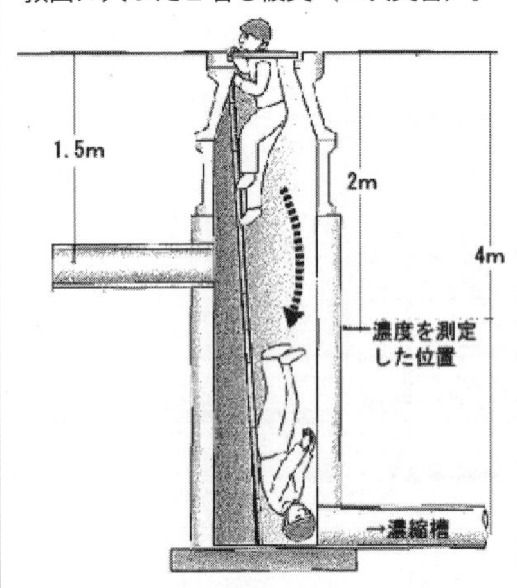

硫化水素濃度と人間の反応	
濃度（単位：ppm）	作用
1,000 － 2,000（0.1-0.2%）	ほぼ即死
600	約１時間で致命的中毒
200 － 300	約１時間で急性中毒
100 － 200	症状：臭覚麻痺
50 － 100	症状：気道刺激、結膜炎
10	労働安全衛生法規制値（許容限界濃度）
0.41	不快臭
0.02 － 0.2	悪臭防止に基づく大気濃度規制値

図：建設工事における労働災害の事例と対策【建災防】

種　　類	多い職種や作業	発生要因	対　　策
潜函病（減圧症）等の高気圧障害	潜函工事、圧気シールド工事従事者、潜水夫	急加圧および急減圧による血液内の気泡の発生等の高気圧障害	潜函（減圧）症は環境圧の急激な変化で発生するため、少しずつ圧力に体を慣らす事で防ぐことができる

潜函（高圧室内）工事

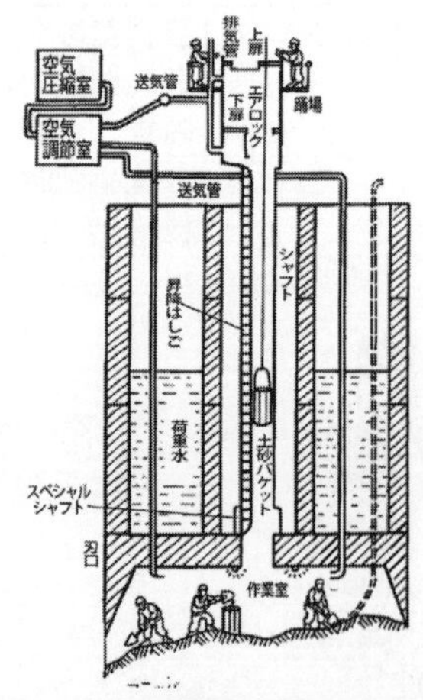

図：三井住友建設「安全の手引き」

潜水作業

インターネットより

9 3 関係法令と用語の解説

（1）労働安全衛生法および関係政省令の体系

日本国憲法　第27条（昭和21.11.3公布）
すべて国民は、勤労の権利を有し、義務を負う。
賃金、就業時間、休息その他の勤労条件に関する基準は、法律でこれを定める。
児童は、これを酷使してはならない。

- 労働基準法（労基法）（昭22法49） ― 労働基準法施行規則／年少者労働基準規則／女性労働基準規則／事業附属寄宿舎規程／建設業附属寄宿舎規程
  - 男女雇用機会均等法
- 労働安全衛生法（安衛法）（昭47政令57）
  - 労働安全衛生マネジメントシステムに関する指針（平11告53）
  - 事業所における労働者の心の健康づくりのための指針（平12.8）
  - 労働安全衛生法施行令（安衛令）（昭47政令318）
    - 労働安全衛生規則（安衛則）（昭47省令32）
    - ボイラー及び圧力容器安全規則（ボイラー則）（昭47省令33）
    - クレーン等安全規則（クレーン則）（昭47省令34）
    - ゴンドラ安全規則（ゴンドラ則）（昭47省令35）
    - 有機溶剤中毒予防規則（有機則）（昭47省令36）
    - 鉛中毒予防規則（鉛則）（昭47省令37）
    - 四アルキル鉛中毒予防規則（四アルキル則）（昭47省令38）
    - 特定化学物質等障害予防規則（特化則）（昭47省令39）
    - 高気圧作業安全衛生規則（高圧則）（昭47省令40）
    - 電離放射線障害防止規則（電離則）（昭47省令41）
    - 酸素欠乏症等防止規則（酸欠則）（昭47省令42）
    - 事務所衛生基準規則（事務所則）（昭47省令43）
    - 粉じん障害防止規則（粉じん則）（昭54省令18）
    - 石綿障害防止規則（石綿則）（平17省令21）
    - 製造時等検査代行機関等に関する規則（機関則）（昭47省令44）
    - 労働安全コンサルタント及び労働衛生コンサルタント規則（コンサル則）（昭48省令3）
    - 廃棄焼却施設内作業におけるダイオキシン類ばく露防止対策（安衛則）（平13基発401）
- 作業環境測定法 ― 作業環境測定法施行令 ― 作業環境測定法施行規則
- じん肺法 ― じん肺法施行規則
- 労働者災害補償保険法 ― 労働者災害補償保険法施行令 ― 労働者災害補償保険法施行規則
- 労働災害防止団体法 ― 労働災害防止団体法施行規則
- 雇用保険法 ― 雇用保険法施行令 ― 雇用保険法施行規則
- 労働者派遣法

・基本的な法律・行政関連用語の解説

・基本的な安全関連用語の解説

・現場で役立つ知識

・三大災害防止の関連法令

（2）基本的な法律・行政関連用語の解説

1）災害率

1．災害発生の頻度を示すもの

① **年千人率**：労働者千人当りの1年間に発生した死傷者数

$$年千人率 = \frac{1年間の死傷者数}{1年間の平均労働者数} \times 1{,}000$$

② **度数率**：100万延時間当たりの労働災害による死傷者をもって災害の頻度を表した指標で国際的に広く用いられている。

$$度数率 = \frac{死傷者数}{延労働時間数} \times 1{,}000{,}000$$

2．災害の重篤度を示すもの

① **強度率**：労働者が労働災害のために労働不能（損失）となった日数で表し、これを1,000延労働時間当りの数で示した指標

$$強度率 = \frac{労働損失日数}{延労働時間数} \times 1{,}000$$

2）労働基準監督官

労働基準監督機関に置かれ、労基法、安衛法、じん肺法、最賃法、家内労働法、作業環境測定法、賃確法、Co法（炭鉱災害による一酸化炭素中毒症に関する特別措置法）および派遣法（第3章第4節の規定に限る）の施行に当る国家公務員。監督官の資格および任免に関する事項は、労働基準監督機関令に定められており、任用は原則として労働基準監督官試験に合格した者について行われ、罷免の際は労働基準監督官分限審議会の同意を必要とする。

3）労働基準監督署

労基法、安衛法、労災保険法、じん肺法、最賃法、家内労働法、時短促進法、徴収法、作業環境測定法、賃確法、Co法および派遣法（第3章第4節の規定に限る）の施行に当たる、厚生労働省の第一線の地方支分部局。その位置、名称および管轄区域は、労基法施行規則に定められている。

4）労働基準局（厚生労働省の内部部局）

労基法、賃確法、安衛法、作業環境測定法、労災保険法、じん肺法、最賃法、家内労働法、時短促進法、労働福祉事業団法、災害防止団体法、Co法および派遣法（第３章第４節の規定に限る）の施行に関すること、その他労働条件および労働者の保護に関することを司る部署。

5）労働局（都道府県労働局）

厚生労働省の地方支分部局の一つで、全都道府県にそれぞれ設置されている。個別には「東京労働局」のように「都道府県の地名部分＋労働局」が正式名称（ただし、北海道は「北海道労働局」）となっている。あくまで国の出先機関であり所属職員は国家公務員となっている。中央省庁再編に先立ち、2000年（平成12年）４月、当時の労働省の地方出先機関であった都道府県労働基準局、都道府県女性少年室および都道府県職業安定主務課が統合されて、都道府県労働局として発足した。下部機関としての労働基準監督署、公共職業安定所（ハローワーク）がある。主な業務として労働相談や労働法違反の摘発、労災保険・雇用保険料の徴収、職業紹介と失業の防止などが挙げられる。また、刑事訴訟法上の告訴・告発先でもある。

6）労働災害

職場における建設物、設備、原料、材料、ガス、蒸気、粉じん等または、労働者自身の作業行動その他業務に起因して、労働者が負傷したり、疾病にかかったりまた死亡したりすることをいう。このような労働災害を阻止することは早くから労働保護法の目的とするところであり安衛法、労基法、労働災害防止団体法およびこれに伴う諸規則によって災害の防止について、事業者および労働者の遵守すべき事項を詳細に規定している。

7）坑内労働

坑内労働には、掘削掘進、採掘、採鉱、支保工建込み、発破、運搬、充填、排水等の職種がある。坑内労働は、坑外労働に比して肉体的精神的に重労働であり、女子、年少者の安全衛生等の面に害があるので、各国とも原則としてこれを禁止しているが、労基法で女子および年少者の坑内労働を原則として禁止していた。しかし、近年の施工技術の進歩、法整備の充実等に伴い、安全衛生水準が向上しており、また、女性技術者による、坑内工事の管理・監督業務等に従事できるよう規制緩和の要望があり、平成19年４月１日より女性の坑内労働原則禁止を改め、「妊娠中の女性が行う業務」「坑内で行われる業務に従事しない旨を使用者に申し出た産後1年を経過しない女性が行う業務」「女性に有害な業務として厚生労働省令で定める業務（作業員の業務）」を除き、女性技術者が坑内での管理、監督等坑内労働に従事することができるようになった（労基法63条、64条の2）。

坑内労働の労働時間は、休憩時間を含めて、坑口を入ったときから坑口を出たときまでの時間とされ（坑口計算）（同法38条2項）、時間外労働協定による労働時間の延長も1日について2時間以内に制限される（同法36条）。一斉休憩の原則、休憩の自由利用の原則は、適用されない（同法38条2項）。

8）雇　用

雇用とは、当事者の一方が相手方に対して労務を提供し、相手方がこれに対し報酬を与えることを契約することをいう（民法623条）。この関係にあって労務とは、肉体的であるか精神的であるかを問わず、あらゆる種類の人的活動をも抱合し、一方、対価として支払われる報酬は、必ずしも金銭であることを要せず、経済的価値があるものであればその種類は問わないものと考えられている。請負、委任とともに労務供給契約に属するが、雇用においては、労務者はもっぱら使用者の指揮に従って労務を給付しなければならず、使用者に対する従属的関係が最も強い。しかし現在では、雇用契約のほとんどすべてが労働契約として労働基準法など労働法の適用を受け、民法の雇用の規定が適用されるのは、家事使用人などのわずかな範囲に限られている。

9）最低年齢

年少者の保護のため、一定年齢以下の労働者の使用を禁ずる制度をとる場合、使用することを認められる最低の年齢をいう。労基法56条で、使用者が労働者として使用する者の最低年齢を規定している。

10）時間外労働

いわゆる「残業」のこと。

労働時間には、労働基準法で定められている法定労働時間と、使用者が就業規則などで定める所定労働時間がある。これらの労働時間を超える労働のことを時間外労働という。

法定労働時間とは、1日8時間（または1週40時間）の労働時間のことをいい、この法定労働時間を超える時間外労働のことを「法外残業」または「法定時間外労働」という。

労働基準法（以下、労基法と略）上は実働8時間を超えて行う労働を指し、労基法は8時間労働制の例外として

① 災害その他さけることができない事由により臨時の必要がある場合には事前に、やむを得ない場合には事後に行政官庁の許可を受け（労基法 33 条）、または
② 労働組合または労働者の代表と時間外労働協定を結んだ場合には、1日8時間、1週間 40 時間を超える時間外労働を認めている。ただし、坑内労働等の健康に有害な業務の時間外労働は、1日2時間を限度としている（同法 36 条）。

11）時間外労働協定（36 協定）

労基法は1日8時間、1週間 40 時間労働を原則とし、この制限を超えて時間外労働または休日労働を行わせるためには、使用者は、労働者の過半数で組織する労働組合、それがない場合には、労働者の過半数を代表する者と書面による協定を結んでこれを労働基準監督署長に届け出なければならない（労基法 36 条）。これを時間外（労働）協定または休日労働協定というが、その根拠が労働基準法 36 条であるところから「三六協定」ともいわれる。この協定を締結せずに、時間外労働または休日労働をさせることは、労基法 33 条による場合を除いて許されない。時間外労働については、25％以上、休日労働については 35％以上の割増賃金を支払わなければならない（同法 37 条1項、同法 37 条1項の時間外および休日の割増賃金に係る最低限度を定める政令）。

12）事業所

事業を行う場所、すなわち事業の内容としての「活動が行われる一定の場所」の意であって具体的な場所というよりは、むしろその機能的な面をとらえた概念といえよう。労働法関係でいえば、例えば職業安定法では公共職業安定所は同盟罷業（ストライキ）または、作業所閉鎖の行われている事業所には求職者を紹介してはならないと規定（職安法 20 条）しているのはこの意味である。なお労基法では事業場という語を用いているが、これは事業所とほぼ同義語であって、ただ物的な施設に着目した表現であるとされている。

13）事業場

工業、鉱業、商業等の事業が行われる場所をいう。いろいろな用例があるが企業と区別して用いる場合には、企業の組織上の単位をなすものを呼び、作業場と区分して用いる場合には、企業活動の行われる場所のうち、企業組織上相当の独立法を有するものを呼び、工場と区分する場合においては、工業以外の事業活動が行われる場所を呼ぶのが通例である。労基法においては、事業場という言葉は、18 条、24 条、36 条、39 条、57 条、90 条、101 条等多くの箇所に用いられており、その意味するところは前述のとおり、それぞれ

の場合に応じて判断せざるを得ない。

14）事業主

事業の経営の主体をいう。個人企業にあってはその企業主が、会社その他の法人組織の場合は、その法人そのものが事業主である。労働関係では、労基法、労災保険法、雇用保険法に事業主という語が使用されているが、いずれも上記の意味における事業主を指している。労基法、労組法等においては、労働者に対する用語として使用者という捉え方をしているのが使用者という場合は、事業主を含めて事業主より広い意味を持つ。

なお、雇用保険法、労災保険法では積極的定義はないが、事業の主体となる者と解され、雇用関係の一方の当事者となるものを指すと解されている。

15）賃　金

使用者が労働者に労働の対価として支払う金銭のこと。給料ともいう。資本主義社会においては、資本家は、機械や原材料等の生産手段を購入するとともに労働者を雇って労働の提供を受け、生産手段を動かして生産を行う。このような活動の中で使用者が労働者の労働の対価として支払うものが賃金である。賃金は資本主義社会に固有のものである。封建社会やそれ以前の社会、または社会主義社会においては、労働は商品として売買の対象になり得ないから、厳密な意味における賃金という観念は成立しない。このような賃金の本質は労働者の対価であるとみるのが一般的であるが、これに対してマルクスは「賃金とは労働の対価ではなくして、労働力という商品の価値である」として、労働は労働力という商品の使用価値として把握している。

法規上はおのおのその法律の目的に適合するような、賃金を定義している。すなわち労基法 11 条、雇保法 4 条、健康保険法 2 条、69 条の 4 、厚生年金保険法 3 条、船員法 4 条、漁船乗組員給与保険法 3 条などがそれである。

（1）賃金支払いの 5 原則

賃金の支払い方法が不適当であることから、労働者が被るであろう、不利益を少なくするために、労基法では　①通貨払い、②直接払い、③全額払い、④毎月最低 1 回払い、⑤一定期日払いの 5 つの原則を定めている（労基法 24 条）。これらを賃金支払いの 5 原則と呼んでいる。

① 通貨払い

通貨払の原則は、トラック・システム（給与の一部または全部を通貨以外の物品で支給する制度）による不当な搾取を防止する意味で、アメリカのトラック法以来行われてきた労働保護立法の原則である。通貨以外のもので賃金を支払うこと（現物給与）は、ややもすれば、基本給の不当な切下げや、据置きを惹起する原因ともなり、また、価格が不明瞭で換価にも不便であり、弊害招く恐れも多いので禁止される（法令または労働協約に別段の定めがある場合には、例外的に現物給与が認められる）。

② 直接払い

直接払の原則とは、労働者が自己の賃金を自由に処分することが、できるようにするために労働者自身の直接賃金を支払わなければならないとするもので、これにより、労働者の委任を受けた者、任意代理人、または法定代理人への賃金に支払いは禁止されている。

③ 全額払いの原則

全額払の原則は、賃金の一部の支払いを保留することによる労働者の足留めを封ずるとともに直接払の原則と相まって、労働の対価を残りなく労働者に帰属させるため、賃金の控除を禁止したものである。ただし、法令に別段の定めがある場合、または労働者の過半数を代表する労働組合、それがないときは、労働者の過半数を代表する者との書面による協定がある場合には、賃金の一部を控除して支払うことができる（別段の定め：国税、地方税、厚生年金保険、健康保険、雇用保険、船員保険の保険料）。

④⑤ 毎月最低１回払い、一定期日払いの原則

賃金の支払いの遅延は労働者の生活に脅威を与えるので、賃金は周期的に到来し、かつ、特定された一定の期日に支払わなければならないとする原則である。これにより賃金の遅払いを防ぎ労働者の生活に計画性を与えることを目的とするものである。

（２）割増賃金

労基法では、①法定の労働時間（原則として１日８時間）を超えて労働させた場合、②法定の休日（原則として毎週１日）に労働させた場合、または、③午後 10 時から午前５時までの深夜に労働させた場合には、これらの時間外労働、休日労働または深夜労働に対して、通常の労働時間または労働日の賃金の計算額（その労働が深夜以外の所定労働時間内に行われた場合に通常支払われる賃金。割増賃金の基礎となる通常の賃金ともいわれるが、年次有給休暇の時間に対して支払われる通常の賃金とは若干異なる）の２割５分以上の率で計算して割増された賃金を割増賃金という（労基法 37 条１項）。①、②、③の場合の割増賃金を、それぞれ、時間外手当、休日勤務手当、深夜手当という場合がある。

16）年少者

18歳未満の労働者を対象とし、労働基準法において保護する規定が設けられている。

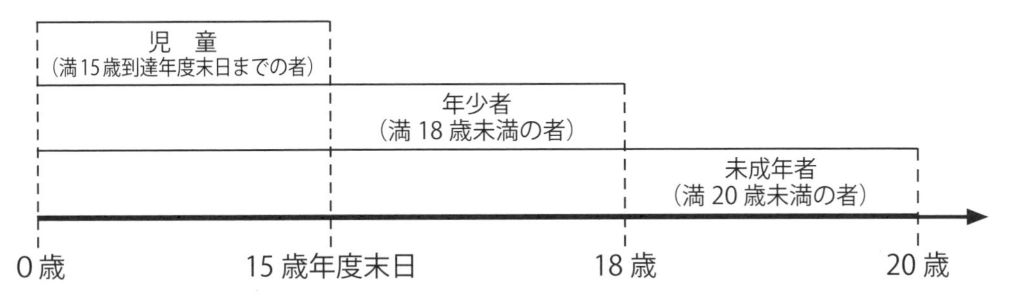

年齢区分	労働基準法上の名称	備考
満15歳に到達した年度の末日（3月31日）までの者	児童	義務教育期間中の年齢
満18歳未満の者	年少者	
満20歳未満の者	未成年者	

分類	年少者			一般
	児童	年少者	未成年者	20歳以上
労働の禁止	原則禁止	可	可	可
時間外労働（残業・法定時間外労働）	不可	不可	可	可
1日の最大労働時間	修学時間と合わせて7時間	8時間	8時間＋残業	8時間＋残業
1週の最大労働時間	修学時間と合わせて40時間	40時間	40時間＋残業	40時間＋残業
休日労働（法定休日の労働）	不可	不可	可	可
深夜労働（22時～5時の労働）	不可	不可	可	可
変形労働時間制度	不可	不可	可	可

17）労働者

他人に使用され、労務を提供し、その対価として賃金の支払いを受ける者をいう。他人に使用される者であるところから被用者とも呼ばれる。労働契約によるものが典型的な場合である。労基法では、同居の親族のみを使用する事業または事務所に使用される者および家事使用人を除いて、使用従属関係にあり、かつ賃金を支払われる者はその職業の種類を問わず全て同法の適用を受ける者としている（労基法９条）。その労務を提供するものが使用者の指揮命令下にあること、１つの組織の中に位置している者であること、あるいは経済的ないし歴史的な従属関係に立っていること等がその中心の要素になっているものと考えられる。

典型的な請負や委任による場合に使用従属関係のないことはいうまでもないが、林業関係の請負契約あるいは、保険外交員の委任契約等にはその実態が労働者契約とみられ、労基法上の労働者に該当するものもある。

18）安全委員会

労働安全衛生法（以下、安衛法と略）17 条により、安全に関する事項を調査審議し、事業者に対し意見を述べる場として設けられた委員会をいい、使用者の責任において行われる安全管理の計画やその実施について労働者側の意見を反映させるとともに労働者の理解と協力を得ようとするものである。

構成は、統括安全衛生管理者または事業の実施を総括管理する者もしくはこれに準ずる者が議長となるほか、その他の委員の半数は、労働者の過半数で組織する労働組合がある場合は、その労働組合（ないときは、労働者の過半数を代表する者）の推薦によって事業者が指名した者によることとされている。

19）安全衛生委員会

安全衛生委員会	常時 50 人以上の労働者を使用する事業場	１．安全関係で次の調査審議と事業者への意見具申 （１）労働者の危険を防止するための基本対策 （２）労働災害の原因調査、再発防止対策 （３）その他労働者の危険防止の重要事項 ２．衛生関係で次の調査審議と事業者への意見具申 （１）労働者の健康障害防止のための基本対策 （２）労働者の健康保持、増進のための基本対策 （３）労働災害の調査原因、再発防止対策 （４）その他労働者の健康障害の防止と健康保持	安衛法 17 条 18 条 19 条 安衛令８条 ９条 安衛則 21 条 22 条

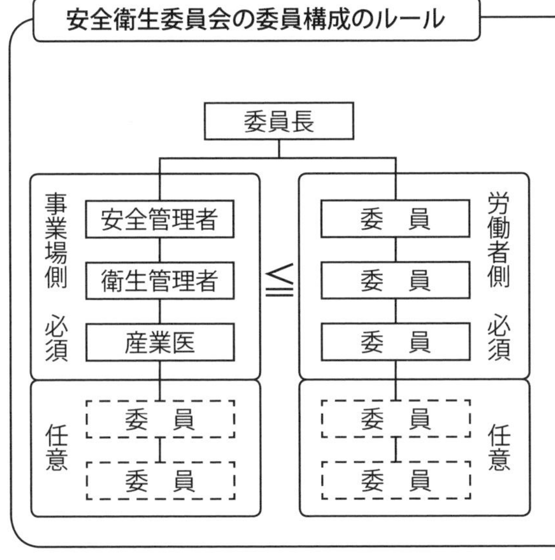

・委員会の委員長には、工場長等、事業を総括管理する責任者、またはこれに準ずる者が就く必要があります。
・安全管理者、衛生管理者、産業医をそれぞれ1名ずつ以上、委員に含めることが必要です。
・労使が一体となって安全衛生活動に取り組めるよう、委員の半数については労働組合などの推薦に基づき選任することが必要です。組合がない場合は、労働者の過半数を代表する者の推薦に基づき委員の選任を行うことが必要です。

最も少人数で委員会を構成する場合、左図のように7人となります。
・委員長・・・・・・1人
・事業場側委員・・・3人
（安全管理者・衛生管理者・産業医）
・労働者側委員・・・3人

20）安全衛生教育

労働災害を防止するためには、施設、環境などの改善や完備を図るとともに、全ての労働者に安全衛生の重要性を認識させ、必要な知識や技能を付与し、安全衛生基準や作業マニュアルの遵守などを図る必要がある。つまり、物の面から物的対策、人の面から人的対策の徹底を図ることが必要であるが、人的対策の主要な部分を占めるのが安全衛生教育である。

安全衛生教育の対象者は一般労働者に限られるものではなく、衛生管理者など安全衛生業務従事者や危険有害業務従事者に対する一定期間毎に実施する能力向上教育などが含まれる。安衛法で定めている安全衛生教育は下記のとおり。

① 雇入れ時の安全衛生教育
② 作業内容変更時の安全衛生教育
③ 特別教育
④ 職長等に対する安全衛生教育
⑤ 安全衛生業務従事者に対する能力向上教育
⑥ 危険有害業務従事者に対する能力向上教育

21）安全管理者

安衛法11条により、労働者数が常時50人以上の事業場で選任しなければならない。選任業種と資格要件は労働安全衛生法施行令3条、労働安全衛生規則5条に定められている。職務としては、総括安全衛生管理者が統括管理すべき業務のうち安全に関わる技術的事項を管理し、作業場等を巡視して設備、作業方法などに関して危険防止に必要な措置を講じることなどがある。

22）衛生委員会

事業場における労働者の健康障害を防止するための基本となるべき対策に関すること等を調査審議し、事業者に対し意見を述べるための機関。これは職場衛生の進歩向上、ひいては労働者の健康、生産能力の向上に密接に結びつくものであり、企業経営上も重要なものである。安衛法 18 条では、委員会の設置、調査審議事項、構成委員等を決め、またこれを有効に動かすために委員会規則を設け、重要事項の記録を保存することを規定している（労働安全衛生現則＜以下、安衛則と略＞ 22 条）。

23）衛生管理

労働者の健康を保持促進し労働力の確保を図るため、労働者の健康に強い影響を与える各種の条件を適正に調査すること、すなわち労働環境を整備改善し、労働者の健康状態とその推移について調査研究を行い、作業を合理的、健康的にならしむることが衛生管理である。安衛法では一定の事業については衛生管理者および産業医を選任すべきことを定め、衛生管理者産業医の行うべき事項を定めている（安衛法 10 条、12 条、安衛則 14 条）。

衛生管理の仕事は、生産に対する裏付けをするものであり、労働者の福祉の面はもとより生産の原動力である労働を守るという経営上重要な職務である。

24）衛生管理者

安衛法 12 条により、都道府県労働局長の免許を受けた者その他一定の資格を有する者の中から事業者が選任した者で、統括安全衛生管理者の指揮を受けながら衛生に係る技術的事項を管理する者をいう。

衛生管理者は、常時 50 人以上の労働者を使用する事業場において労働者数に応じて定められている数の衛生管理者を選任しなければならないことになっている。さらに常時 500 人を超える労働者を使用する事業場で、有害業務に従事する労働者が 30 人以上である事業場にあっては、衛生管理者のうち 1 人は衛生工学衛生管理者を選任することとしている。

25）技能講習

事業者は一定の危険・有害業務に労働者を就かせる場合に、免許、技能講習または特別教育を受けたものを就業させる必要があり、その業務の範囲・種別は労働安全衛生法などで規定されている。技能講習は、免許よりは権限が限定され、特別教育よりは高度な業務を行えるため、それらの中間に位置するものとされている。労働安全衛生法では、一部の危険・有害業務について、作業者から、それらを統括する立場の作業主任者を選任することを義務づけている。この場合、作業主任者には技能講習以上を課すもの等、業務の種別により必要とされる資格のレベルが異なる。

建設業に関係する技能講習

① コンクリート破砕器作業主任者技能講習
② 地山の掘削及び土止め支保工作業主任者技能講習
③ ずい道等の掘削等作業主任者技能講習
④ ずい道等の覆工作業主任者技能講習
⑤ 型枠支保工の組立て等作業主任者技能講習
⑥ 足場の組立て等作業主任者技能講習
⑦ 建築物等の鉄骨の組立て等作業主任者技能講習
⑧ 鉄橋架設等作業主任者技能講習
⑨ コンクリート造の工作物の解体等作業主任者技能講習
⑩ コンクリート橋架設等作業主任者技能講習
⑪ 採石のための掘削作業主任者技能講習
⑫ 木造建築物の組立て等作業主任者技能講習
⑬ 有機溶剤作業主任者技能講習（有機溶剤中毒予防規則第 37 条）
⑭ 石綿作業主任者技能講習（石綿障害予防規則第 48 条の 5）
⑮ 酸素欠乏危険作業主任者講習（酸素欠乏症等防止規則第 26 条）
⑯ 床上操作式クレーン運転技能講習
⑰ 小型移動式クレーン運転技能講習
⑱ ガス溶接技能講習（安衛則別表第 6）
⑲ フォークリフト運転技能講習
⑳ ショベルローダー等運転技能講習（最大荷重 1 トン以上のもの）
㉑ 車両系建設機械（整地・運搬・積込み用および掘削用）運転技能講習（機体重量 3 トン以上のもの）
㉒ 車両系建設機械（解体用）運転技能講習（機体重量 3 トン以上のもの）
㉓ 車両系建設機械（基礎工事用）運転技能講習（機体重量 3 トン以上のもの）
㉔ 不整地運搬車運転技能講習（最大積載量 1 トン以上のもの）
㉕ 高所作業車運転技能講習（作業床の高さが 10 メートル以上のもの）
㉖ 玉掛け技能講習（つり上げ荷重等 1 トン以上のクレーン等に係るワイヤーの掛け外しなどの作業）

26）作業主任者

事業者は、安衛法 14 条で労働災害を防止するための管理を必要とする一定の作業について(政令で定めるもの)、作業主任者を選任しなければならない(第14条)。作業主任者は、作業に従事する労働者の指揮のほか、機械・安全装置の点検、器具・工具等の使用状況の監視等の職務を行う。「労働災害を防止するための管理を必要とするもので政令で定めるもの」は、施行令第6条1～23号に表記されている。

事業者から作業主任者に選任されるためには、当該業務に関連する定められた都道府県労働局長の免許を所持するか、または都道府県労働局長等が行う技能講習を修了していなければならない。作業主任者の資格が免許によるものか技能講習によるものかは、労働安全衛生規則別表第一の区分に従う（規則第 16 条)。

① 地山の掘削および土止め支保工作業主任者技能講習
② ずい道等の掘削等作業主任者技能講習
③ ずい道等の覆工作業主任者技能講習
④ 型枠支保工の組立て等作業主任者技能講習
⑤ 足場の組立て等作業主任者技能講習
⑥ 建築物等の鉄骨の組立て等作業主任者技能講習
⑦ 鋼橋架設等作業主任者技能講習
⑧ コンクリート造の工作物の解体等作業主任者技能講習
⑨ コンクリート橋架設等作業主任者技能講習
⑩ 採石のための掘削作業主任者技能講習
⑪ 木造建築物の組立て等作業主任者技能講習
⑫ 有機溶剤作業主任者技能講習
⑬ 石綿作業主任者技能講習
⑭ 酸素欠乏危険作業主任者講習

27）産業医

労働者の健康診断の実施、健康障害の原因調査と再発防止のための対策などの健康管理を、効果的に行うためには医師の専門的能力が必要である。安衛法 13 条で、常時 50 人以上の労働者を使用するすべての事業場に対して、労働者の健康管理等を行うのに必要な、一定の要件を備えた医師の中から産業医を選任することを義務づけており、そのうち常時 3000 人を超える労働者を使用する事業場では、２人以上選任すること、また常時 1000 人以上の労働者を使用する事業場、または有害な業務に常時 500 人以上の労働者を従事させる事業場ではその事業専属の産業医であることを義務づけている（安衛法施行令５条、安衛則 13 条)。産業医の職務としては、毎月 1 回以上事業場を巡視することなどである。

28）事業者

事業者とは、事業を行う者で労働者を使用するものをいう（安衛法２条）。すなわち事業者とは、その事業における経営主体をいい、個人企業にあってはその事業主個人、会社その他の法人の場合には、その法人そのものを指すことになる。また同法では、労働者を使用するものに限定しているので、同居の親族のみを使用する事業主は事業主ではない。また、同法でいう事業主は、必ずしも企業設備の所有者に限られず、たとえば、企業設備を賃貸したものが事業の運営の主体となっていれば、その者が事業主に該当することとなる。つまり、事業経営の主体として損益計算の帰属する者が、同法でいう事業主である。

29）総括安全衛生管理者

安衛法10条により、一定規模以上の事業場ごとに、安全衛生に関する業務を総括管理するために選任された者をいう。総括安全衛生管理者は、林業、鉱業、建設業、運送業および清掃業にあっては100人以上　製造業、電気業、ガス業、熱供給業、水道業、通信業、各種商品卸売業、家具、建具、じゅう器等卸売業、各種商品小売業、家具・建具・じゅう器小売業、燃料小売業、旅館業、ゴルフ場自動車整備業および機械修理業にあっては300人以上、その他の業種にあっては1000人以上の規模の事業場において、その事業の実施を総括管理する者のうちから選任されるものであり（安衛法施行令２条）、その職務としては、安全管理者および衛生管理者の指揮、労働者の危害防止措置、安全衛生教育、健康診断等の健康管理、労働災害の原因調査、および再発防止対策その他の業務を総括管理することが定められている。

30）統括安全衛生責任者

安衛法第15条により、１つの場所において元請および下請の数事業者の労働者が混在して働くことによって生ずる労働災害を防止するための業務を統括管理させるため、建設業および造船業に属する元方事業者等（特定元方事業者）が選任した者をいう。統括安全衛生責任者は、１つの場所における労働者の総数が下請の労働者を含め、ずい道等の建設の仕事、橋梁の建設の仕事または圧気工法による作業を行う仕事においては合計30人以上、その他の仕事については合計50人以上である場合にその事業の実施を統括管理する者のうちから選任することとされている（安衛法施行令７条）。統括安全衛生管理者は、１つの場所で数企業の労働者が混在して仕事をすることから生ずる、労働災害を防止するため、①協議組織の設置、②作業間の連絡調整、③作業場所の巡視、④関係請負人の行う労働者に対する安全衛生教育の指導援助、⑤工程および機械設置等の配置に関する計画の作成等を行うこととされている（安衛法30条１項）。

31）元方安全衛生管理者

安衛法15条の2により、建設業の元方事業者が、一定の資格を有する者の中から統括安全衛生責任者を補佐させるため選任した者をいう。元方安全衛生管理者は、統括安全衛生責任者の指揮を受けながら、統括安全衛生責任者の統括管理すべき事項（協議組織の設置および運営、作業間の連絡および調整、作業場所の巡視等）（安衛法30条1項）に係る技術的事項を管理しなければならないこととされている。

32）元方事業者

自ら仕事を行う事業場で、1つの場所において行う仕事の一部を下請に請負わせているもののうち最も先次の請負契約における注文者をいう（安衛法15条1項)。元方事業者は、同一現場の仕事を請負った者や、その労働者がその請負った仕事に関して安衛法や同法に基づく命令に違反しないよう必要な指示を行わなければならない（同法29条)。あらゆる業種において、いわゆる構内下請の使用が一般的となっているが、これら下請企業の災害発生率は、親企業に比べてかなり高くなっている。これは比較的危険・有害性の高い作業を分担することが多く、さらにその作業が親企業の構内で行われることから、その自主的な努力のみでは十分な災害防止の実を上げられない面があるからと考えられる。そこで、安衛法は、元請事業者に必要な指示等を行うべきことを定め、それにより労働災害の防止を図っている。

33）労働災害防止計画

労働災害防止を計画的に行うため、従来から産業災害防止計画を策定推進してきたが、昭和47年10月1日から施行した安衛法では、厚生労働大臣は労働災害防止計画を策定しなければならないこととされ（安衛法6条)、これに基づき平成30年度を初年度とする、第13次労働災害防止計画が策定され、現在これを推進中である。

34）休業補償給付

労働者が、業務上の負傷・疾病による療養のため、労働することができず賃金を受けることができない場合には、休業4日目から1日当り給付基礎日額の100分の60に相当する額の休業補償給付が支給される（労災保険法14条)。労働者は、休業補償給付に付加して特別支給金を給付される休業特別支給金は、給付基礎日額の100分の2に相当する額となる。

休業当初の3日間は待機期間とされておりこの期間については、使用者が平均賃金の100分の60を支払わなければならない。

35）業務上疾病

業務上疾病とは、労働者が事業主の支配下にある状態において発症した疾病のことを意味しているわけではなく、事業主の支配下にある状態において、有害因子にばく露したことによって発症した疾病のことをいいます。

36）業務災害

業務が原因となった労働者の業務上の負傷・疾病・障害または死亡をいう。労働災害ともいう。

業務災害と認められるには、①業務遂行性と②業務起因性があることが必要である。

・業務上の負傷と具体的な判断

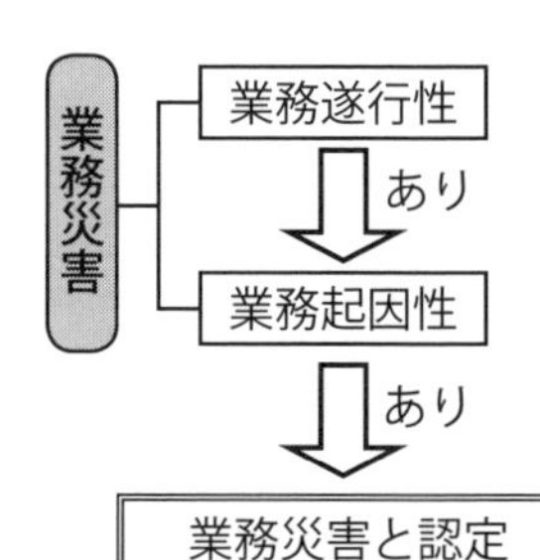

労働関係において事業主の支配下にある状態。つまり、災害が発生していたとき、仕事をしていたかどうかということ。

事業主の支配下にあることに伴う危険が現実化したものと経験則上認められること。
つまり、傷病等が業務に起因して生じたものであり、業務と傷病との間に相当因果関係があること。

・業務上の負傷と具体的な判断

業務災害の要件である業務遂行性が認められるのは、以下の３パターンである。

（1）事業主の支配下・管理下にあり、業務に従事している場合

（2）事業主の支配下・管理下にあるが、業務に従事していない場合

（3）事業主の支配下にあるが、管理下を離れて業務に従事している場合

37）療養補償給付

労働者が業務上負傷し、または疾病により療養を必要とする場合には、労災保険から療養補償給付が行われる（労災保険法 12 条の８）。

療養（補償）給付は、業務災害または通勤災害でカガをしたり、病気になった労働者が、治療などを必要とする場合に支給される。療養（補償）給付には、「療養の給付」と「療養の費用の支給」の２種類がある。

療養（補償）給付は、原則として「療養の給付」による。これは、労災病院や都道府県労働局長が指定する病院・診療所・薬局・訪問看護事業者で、無料で治療を受けられるもの（現物給付）です。

ただし、その地域に指定病院等がない場合や、緊急で指定病院等以外の病院等で治療を受ける必要がある場合などには、その病院等で治療を受けた後、かかった費用の支給を受ける（現金給付）ことができます（療養の費用の支給）。

・給付の対象となる「療養」の範囲

診　察

薬剤または治療材料の支給

措置または手術などの治療

入　院

訪問看護事業者が行う訪問看護

移送費（被災場所や自宅などから医療機関へ、あるいは医療機関から医療機関へ移送する費用、自宅から医療機関への通院に要する費用等）

・支給される期間

傷病が治ゆ（症状固定）するまで

・治ゆ

労災保険でいう「治ゆ」とは、身体の諸器官や組織が健康時の状態に完全に回復した状態だけをいうものではなく、傷病の症状が安定し、医学上一般に認められた医療（労災保険の療養の範囲）を行っても、その医療効果（症状の回復・改善）が期待できなくなった状態をいい、この状態を治ゆ（症状固定）といいます。

38）通勤災害

労働者が通勤途上で遭う災害のこと。これは業務上の災害で、1973年の労働者災害補償保険法の改正により通勤災害保護制度が実施され、通期災害にも通常の業務災害に準じてほぼ同じ内容の保険給付が与えられることになった（労災保険法７条１項３号）。通勤災害とは、労働者の通勤による負傷、疾病、障害または死亡を指す。「通勤」の範囲は、詳細に労働者災害補償保険法において定められている（労災保険法７条２、３項）。

39）一人親方

建設業の作業現場には一人親方という、事業主でありながら、その労働形態が労働者とみられる者が多く存在します。

まず、一人親方という呼称は、法律上「労働者災害補償保険法」いわゆる「労災保険」の中でのみあり、建設業以外の他の産業でもあります。

一人親方の事業は７つあります。法律では「労働者災害補償保険法施行規則」第46条の17で示されています。

（参考）

建設業や林業に関わる個人事業主以外に、漁業従事者、廃棄物処理業、船員、職業ドライバー、医薬品の配置販売業等が一般的に該当します。

40）請　負

甲が乙に対して一定の仕事を完成することを約束し、乙は仕事が完成すれば一定の報酬を与えることを約束する形の契約をいう（民法632条）。

仕事完成が目的である点で、労務を提供すること自体を目的とする雇用契約と異なる。

土木工事、家屋建築、船舶建造などは、専らこの契約によって行われ、訴訟の遂行、病気の治療等のように無形の結果を目的とする場合は、委託によって行われる場合が多いが、請負によって行うこともできる。

請負人によって完成されるべき一定の仕事そのものが契約の目的であるから、請負人は自分で労務をなす必要はなく、自由に補助者、下請人等に仕事をさせることができる。請負人は仕事の目的物に対して担保責任を有し（民法634～637条）、注文者は仕事の完成前なら何時でも損害を賠償して契約を解除することができる。

請負契約であっても、注文者と請負人との間に使用従属関係がある場合には、労働契約として把握され、労働法規の規制を受ける。

41）監理技術者

建設業は、その請負った建設工事を施工しようとするときは、一定の資格（一般建設業の許可基準における技術者の資格と同じ）を有する者で、その工事現場における建設工事の施工の技術上の監理をつかさどる主任技術者を置かなければならないが、この場合において、発注者から直接建設工事を請負った特定建設業者が、当該建設工事の施工に関し、一定額以上の下請契約を締結して施工するときは、さらに加重された資格（特定建設業の許可基準における技術者の資格と同じ）を有する監理技術者を置かなければならないとされている。なお、監理技術者は、公共性のある工作物に関する重要な工事においては専任の者でなければならない。ただし、発注者から当該工事を請け負った特定工事業者が一定の要件を満たす者を当該工事現場に専任で置くときは、この限りではない（建設業法26条3号）。なお、平成28年4月1日より、請負代金額3500万円以上（建築一式以外）、7000万円以上（建築一式工事）と変更された。

42）建設業者

建設工事の完成を請負う営業を建設業といい、許可を受けて建設業を営む者を建設業者という。建設業法では、1件当りの金額が税込500万円以上（建築一式工事に当っては税込1500万円以上の工事または延べ面積が150㎡以上の木造住宅）の建設工事を請負うことを業とする者は、建設業法の規定により、2以上の都道府県に営業所を設置する者は国土交通大臣の、その他の者は営業所の所在地を管轄する都道府県知事の許可を受けなければならないこととし（建設業法３条）、その許可を受けた者を特に「建設業者」と称して種種の規制に服せしめている。

43）建設事業

土木・建築その他工作物の建設、改造、保存、修理、変更、破壊もしくは解体またはその準備の事業をいう（建設雇用改善法２条１項、徴収法 12 条４項３号）。

建設雇用改善法では、国または地方公共団体の直営事業は建設事業から除くこととしており、この場合における直営事業とは、自ら労働者を使用して行う事業のことであり、建設業者等他人に請負わせて行う事業は直営事業とはならない。また、大手建設会社の営業所等では専ら施工管理に関する業務のみを行い、実際の工事は下請の建設会社が行う場合が多いが、いわゆる施工管理とは、工事の実施を管理することで工程管理、作業管理、労務管理等の管理を総合的に行う業務をいい、これは建設事業として行われる一連の作業に当然含まれることから、建設雇用改善法における建設事業に該当することになる。

44）工事監理

建築士法上の意義においては、その者の責任において工事を設計図書と照合し、それが設計図書のとおりに実施されているかいないかを確認することをいう（建築士法２条８号）。これは、一般にいう「工事の監督」という用語よりもやや狭い意味である。同法に工事監理をこのように限定するのは、建設業法２条３項の規定による「建設業者」に属する建築士が、工事の施工を担当するとともに、建築士法による工事監理を行うことが多いので、特に工事監理の範囲と限界を明確にしたものである。工事監理は、建築物の設計とともに建築士の行う主要な業務であり、一定規模以上の建築物については、一級建築士あるいは二級建築士でなければ工事監理をすることができない（建築士法３条、３条の２）。

建築士が工事監理を行う場合、工事の設計図書のとおり実施されていないと認めるときは、直ちに工事施工者に注意を与え、工事施工者がこれに従わないときは、その旨を建築主に報告しなければならない。また、工事監理が終了したときは、直ちに、その結果を文書で建築主に報告しなければならない（建築士法 18 条３項、20 条３項）。

45）下　請

建設業における下請は、他の産業部門における下請にみられるような、例えば半製品を納入する等といった１つの生産工程における補助的な役割を果たすというよりも、建設工事の生産工程に直接参加してその一部門を受け持つということが通例であり、この点に大きな特徴を有している。建設業がこのような生産形態を採るのは、建設工事の施工が各種の専門工事の組合せによって行われるためである。各種の専門工事を施工するためには、専門的な技術力、技術者が必要である。建設業においては、専門工事業者として、1つまたは複数の技術力に特化した経営体が専門工事の施工を行うのが通例である。このことは、建設業における個々の技術の相互融通性が少なく、また高度な熟練を有することと、建設業は注文生産であり、しかも生産するものが規格物でなく、他の産業のように販売を予定した計画生産を行うことができないことから、需要の変動に身軽さを要するため多数の生産労働者を常時保有することが困難であり、各々の工事に際して、そのつど必要労働力を下請という形態を通じて調達するという方法をとらざるを得ないこと等によるものである。

46）ゼネコン

ゼネラル・コントラクターの略といわれている。英語でコントラクターは建設工事分野の「請負者」という意味を指す。ゼネラルコントラクター「総合請負者」は、特定工種の工事だけを請け負う専門工事業者あるいは元請業者から工事の一部を請け負う下請業者（サブコン）に対する用語である。ゼネコンという言葉自体は、特に日本のゼネコンの業態を表現するために使われる和製英語と見るべきであるといえる。

47）主任技術者

建設業者は建設工事を適正に実施するため、施工技術の確保に努めなければならないことが建設業法25条の27に定められており、そのため建設工事を施工するときは国土交通省令で定められた学科を修め、また建設工事に関する実務の経験年数等所定の資格を有する者で、工事現場において建設工事の施工上の管理をつかさどる者を置かなければならないことが、定められており、その者を建設業法上の「主任技術者」という（同法26条1項）。なお、公共性のある施設または工作物に関する重要な工事として国、地方公共団体で発注する工事または学校、集会場等広く公共性のある工事で一定の請負金額以上のものについて、それぞれの工事現場に専任の「主任技術者」を置かなければならない（同法26条3項）。ただし、特定専門工事において、当事者間で一次下請の主任技術者が再下請の技術上の施工管理を行うことを合意したときは、再下請負先が主任技術者を置く必要はない（同法26条の3）。

48）元請負人

元請負人とは、下請契約における注文者で建設業者であるものをいう（建設業法２条５項）。従って、許可を受けないで建設業を営むことができる者、無許可業者等建設業者でない者が注文者である場合においては、建設業法上の元請人には含まれない。なお、建設業法では、いわゆる孫請契約以下の関係における請負契約も下請契約とされる。

49）技能検定

技能検定は、労働者の有する技能を一定の基準によって検定し、これを公証する技能の国家検定制度である。この制度の目的は、技能者の技能習得意欲を増進させるとともに、技能および職業訓練の成果に対する社会一般の評価を高め、労働者の技能と地位の向上を図り、ひいては我が国産業の発展に寄与しようとするものである。職業能力開発促進法に基づいて実施されている。

技能検定は、難易度により１級、２級、３級に分かれる。また、職種によっては管理・監督者向けの特級がある。

50）社会保険

国土交通省では、平成24年11月に「社会保険の加入に関する下請指導ガイドライン」（以下、「ガイドライン」という）を施行し、平成29年度を目標年次として、建設業における社会保険の加入促進に取り組み、適切な保険に未加入の作業員は特段の理由がない限り現場入場を認めないとし、一定の効果を上げた。さらに、令和２年10月からは社会保険の加入が建設業許可・更新の要件となり、また施工体制台帳に作業員の社会保険の加入状況等を記載することが必要となるなど、より社会保険の加入確認が厳格化された。

「社会保険の加入に関する下請指導ガイドライン」における「適切な保険」について

所属する事業所		就労形態	労働保険	社会保険			「下請指導ガイドライン」における「適切な保険」の範囲
事業所の形態	常用労働者の数		雇用保険	医療保険（いずれか加入）	年金保険		
法人	1人～	常用労働者	雇用保険	・協会けんぽ ・健康保険組合 ・適用除外承認を受けた国民健康保険組合（建設国保等）	厚生年金	➡	3保険
	―	役員等	―	・協会けんぽ ・健康保険組合 ・適用除外承認を受けた国民健康保険組合（建設国保等）	厚生年金	➡	医療保険及び年金保険
個人事業主	5人～	常用労働者	雇用保険	・協会けんぽ ・健康保険組合 ・適用除外承認を受けた国民健康保険組合（建設国保等）	厚生年金	➡	3保険
	1人～4人	常用労働者	雇用保険	・国民健康保険 ・国民健康保険組合（建設国保等）	国民年金	➡	雇用保険（医療保険と年金保険については個人で加入）
	―	事業主、一人親方	―	・国民健康保険 ・国民健康保険組合（建設国保等）	国民年金	➡	医療保険と年金保険については個人で加入

■：事業主に従業員を加入させる義務があるもの　□：個人で加入

雇用保険未加入者に対する元請企業の確認フロー

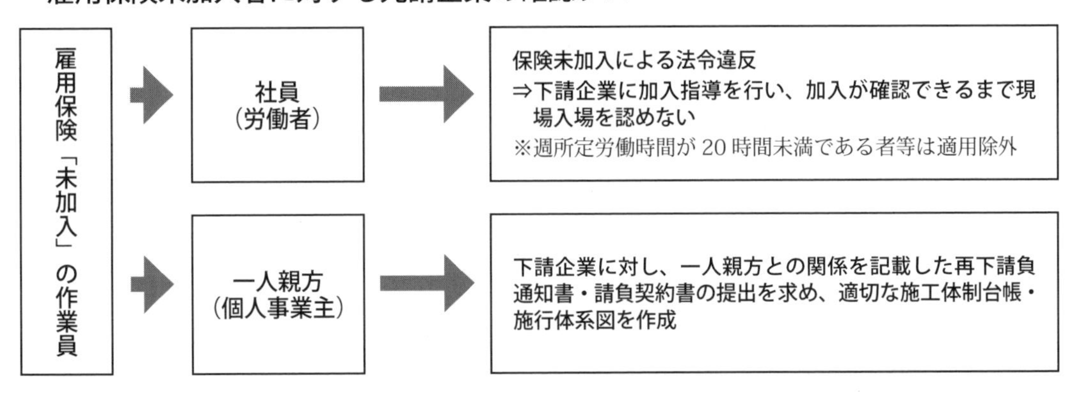

雇用保険「未加入」の作業員
社員（労働者）
保険未加入による法令違反
⇒下請企業に加入指導を行い、加入が確認できるまで現場入場を認めない
※週所定労働時間が20時間未満である者等は適用除外
一人親方（個人事業主）
下請企業に対し、一人親方との関係を記載した再下請負通知書・請負契約書の提出を求め、適切な施工体制台帳・施行体系図を作成

（3）基本的な安全関連用語の解説

1）安全配慮義務

民法第 415 条の債務不履行責任が安全配慮義務といわれるもので、雇用契約を結んだ作業員に対し、その契約に基づく建設現場での作業において労働災害や職業病を発生しないよう事業者には安全衛生管理をつくして保護する義務があり、これを怠ると賠償責任があるというものである。

本来は雇用している事業者責任ではあるが、労働災害が発生した時、元方事業者に重大な過失があった場合には、元方事業者がその責任を問われることがある。

2）安全第一

1906 年アメリカの U.S. スチール社の会長 E.H. ゲーリーが、会社経営の根本方針を安全第一、品質第二、生産第三と改め、安全作業に関する施策を強めたところ、それにつれて製品の品質も生産量も向上した実例から、安全第一が企業理念の第一にされるようになった。わが国には、当時アメリカでこの運動を見聞した小田川全之が 1914 年（大正 3 年）、これを「安全専一」と訳して足尾銅山に導入したのにつづき、大正 7 年、内田嘉吉が同じアメリカの安全第一運動を視察、翌年、蒲生俊文とともに安全第一協会を設立した。

3）安全旗

白地に緑十字を配した安全を象徴する旗である。

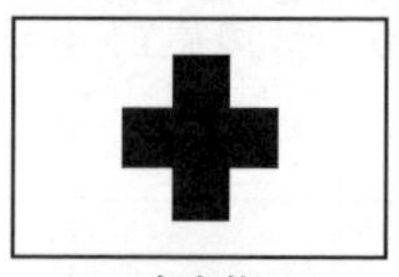

安全旗

昭和 2 年に国として安全運動のシンボルマークとして、内務省社会局（現厚生労働省）の会議の席上で了承され、広く全国安全週間など安全の行事の際に掲揚されるようになった。
十字は西洋で仁愛、東洋で福徳の集まるところを意味する。日本の安全および衛生の象徴として一般的に解釈されている。安全第一という言葉の「安全」と「第一」の間に緑十字が配置されることが多い。

衛生旗

衛生管理者の中から労働衛生を象徴するマークを求める声が出て、労働省がデザインを公募し、衛生週間のシンボルマークとして昭和 28 年に制定された。
その後、全国労働衛生週間など衛生に関する行事の際に掲揚されるようになった。

安全衛生旗

安全と労働衛生は密接な関係にあるものとの考えが強調されるようになり、昭和 40 年に中央労働災害防止協会が公募して制定された。
安全週間（安全旗）および衛生週間（衛生旗）以外の機関に安全衛生旗を掲げるように中央労働災害防止協会で呼びかけている。

4）安全標識

作業場において、作業員が判断や行動の誤りを生じやすい場所、あるいは誤ると重大な災害を引き起こすおそれのある場所に、安全の確保を図るために表示する標識をいう。これらの標識はその使用目的によって次の9種類に分けられる。

1．防火標識　2．禁止標識　3．危険標識　4．注意標識　5．救護標識
6．用心標識　7．放射能標識　8．方向標識　9．指導標識

5）最大積載荷重

構造物、運搬機の棚の構造および材料に応じて積載できる最大の荷重をいう。安衛法ではエレベーター、建設用リフト、高所作業車、足場、作業構台などの構造および材料に応じて、これらの搬器、作業床に人または荷を乗せて上昇させることのできる最大積載荷重を定めなければならないとされている。

労働安全衛生規則（最大積載荷重）

第562条　事業者は、足場の構造及び材料に応じて、作業床の最大積載荷重を定め、かつ、これを超えて積載してはならない。
2　省略
3　事業者は、第一項の最大積載荷重を労働者に周知させなければならない。

6）車両系建設機械

動力を用い、かつ、不特定の場所に自走できる建設機械をいい、下表のものをいう。

❶ 整地・運搬・積込み用機械	❷ 掘削用機械
1．ブルドーザー	1．パワー・ショベル
2．モーターグレーダー	2．ドラグ・ショベル
3．トラクター・ショベル（四輪駆動のもの）	3．ドラグライン
4．ずり積機	4．クラムシエル
5．スクレーパー	5．バケット掘削機
6．スクレープ・ドーザー	6．トレンチャー
7．1から6までに掲げる機械に類するものとして厚生労働省で定める機械	7．1から6までに掲げる機械に類するものとして厚生労働省で定める機械
❸ 基礎工事用機械	**❹ 締固め用機械**
1．くい打機	1．ローラー
2．くい抜機	2．1に掲げる機械に類するものとして厚生労働省で定める機械
3．アース・ドリル	**❺ コンクリート打設用機械**
4．リバース・サーキュレーション・ドリル	1．コンクリートポンプ車
5．せん孔機（チュービングマシンを有するものに限る）	2．1に掲げる機械に類するものとして厚生労働省で定める機械
6．アース・オーガー	**❻ 解体用機械**
7．ペーパー・ドレーン・マシン	1．ブレーカ
8．1から7までに掲げる機械に類するものとして厚生労働省で定める機械	2．1に掲げる機械に類するものとして厚生労働省で定める機械

（労働安全施行令　別表第7　建設機械）

7）全国安全週間／全国労働衛生週間

大正８年、東京を中心にしてはじめて実施された安全週間は、その後地方に広まっていき、やがて昭和３年７月２日から７日まで実施された全国安全週間にまで発展した。「一致協力して怪我や病気を追払ひませう」という中央標語を掲げた第１回の週間以来、戦時中も中断することなくつづけられ、半世紀を越える歴史をもつ世界にも例をみない安全運動となっている。なお本週間は毎年７月１日から７日まで。６月いっぱいが準備期間。

全国労働衛生週間は、労働衛生全般を見直し、独自の管理活動を認識してもらう目的で、昭和25年からスタートした。本週間は10月１日から７日。９月１日から30日までが準備期間として設定されている。両週間とも厚生労働省と中央労働災害防止協会の主唱で行われる。

8）定格荷重、定格総荷重、つり上げ荷重

・定格荷重

クレーンの傾斜角やジブの長さ等の条件により変化する荷重のことで、フックなどつり具の重量を差し引いた実際につり上げることの出来る荷重。フックなどのつり具はその車両によって異なる重さのものを装着する可能性があるので、メーカーの性能表などには定格荷重は記載なし。

・定格総荷重

ジブの長さやクレーンの傾斜角といったクレーンの使用状況に合わせた荷重。定格荷重と似ているが、つり具の重さを含まない定格荷重に対して、定格総荷重はつり具の重量も含んだ荷重。計画は、定格総荷重×80％。

・つり上げ荷重

アウトリガーまたはクローラーを最大限に張出し、ジブの長さを最短に、傾斜角を最大にした時に負荷させることができる最大の荷重に、フック。フックブロック、グラブバケット等のつり具の質量を含んだ荷重。

9）フールプルーフ

作業員がエラーをしても災害につながらせない装置（機構）をいい、代表的な装置として巻過ぎ防止装置、リミットスイッチ等がある。また、操作の順序を誤った場合でも危険な状態に落ち込まないような装置もこれに含まれる。

10）フェールセーフ

機械や設備などが故障しても、安全が確保される装置（機構）をいい、代表的な装置として感電防止用漏電遮断装置（ブレーカー）等がある。

11）本質安全

本質安全防爆構造の電気機器から生まれた言葉であり、電気機器以外にあっては、本質安全を字義どおり解釈して、災害発生要因の一部または全部を排除して原理的に災害発生の恐れがないことをいう。この意味はさらに拡大されて、たとえ機械設備に事故や異常状態が発生しても災害に至る前に機械設備が正常な状態になるか、または安全側に作動する等、人間が誤作動しても、機械が故障しても災害に至らないことを意味するようになった。

12）リースとレンタル（機械設備）

リースとは正しくはファイナンス・リースのことをいい、狭義のリースをさしている。リース会社が資金を貸付ける代わりに、機械設備そのものを貸付けるという物融の形をとるやり方で、機械設備の貸付専門業というよりも金融機関的な性格を持っている。従って、契約期間中はリース会社またはユーザーのいずれの側からも解約できず、貸主は物件を賃貸するのみで、物件の修理、維持、保有および管理の費用は借主が負担することが原則である。レンタルとは、オペレーティング・リースのことで、ファイナンス・リース以外のほとんどのリースを意味し、一般にファイナンス・リースよりもリース料は高くつくが、保守管理の費用は貸主が負担し、また契約期間中の中途解約も一定の予告期間をおいて認められている。

13）ＣＯＨＳＭＳ（コスモス）

建設業労働災害防止協会（建災防）で認定している建設業労働安全衛生マネジメントシステム（Construction Occupation Health and Safety Management System）の通称。

14）ＳＤＳ（Safety Data Sheets）

従来、化学物質等の譲渡または提供を受けた事業者は、化学物質等安全データシート（ＭＳＤＳ）等により、有害性や健康障害防止措置に関する情報を得て、必要な措置を講じるものと定められていた（化学物質等の危険有害性等の表示に関する指針）。しかし、平成24年４月から国際基準に合わせ、安全データシート（ＳＤＳ）という用語を用いることになった（経済産業省も統一）。ＳＤＳは常時作業時に掲示・備付け、労働者に周知する必要があり、記載事項も従来と比べ若干変更されている（化学物質等の危険性または有害性等の表示または通知等の促進に関する指針）。

1．名称
2．成分およびその含有量
3．物理的および化学的性質
4．人体に及ぼす作用
5．貯蔵または取扱い上の注意
6．流出その他の事故が発生した場合において講ずべき応急の措置
7．通知を行う者の氏名（法人にあっては、その名称）、住所および電話番号
8．危険性または有害性の要約
9．安定性および反応性
10．適用される法令
11．その他の参考となる事項

※化学物質のリスクアセスメントの実務が事業者の義務となりました（平成28年6月1日施行）

15）ＯＪＴ（On the Job Training）

実際に仕事をしながら日常的に行う教育訓練のこと（職場内教育・実践教育）。

16）ＴＢＭ（Tool Box Meeting）

ツールボックス・ミーティングとは、作業開始前の短い時間を使って道具箱（ツールボックス）のそばに集まった仕事仲間が安全作業について話合い（ミーティング）をするというアメリカの風習を取り入れた現場で行う安全衛生教育の一つの方法で、安全常会、安全ミーティングなどとも呼ばれている。

17）３Ｓ・４Ｓ・５Ｓ運動

安全は整理整頓に始まって整理整頓で終わるといっても過言ではない。そのため、3S運動、4S運動を強力に展開して好成績を上げている事業場が多い。一般に3S運動とは「整理」「整頓」「清掃」の頭文字を集めたもので、4S運動は、3S運動に「清潔」を加えたもの。5S運動は4S運動に「しつけ」を加えたものである。

（4）現場で役立つ知識

1）重量と長さ

建設現場では重量物を取り扱うことが多いので概略の重量を知ることは大変重要である。皆さんも学校で学んだと思うが　W＝体積×単位体積重量。最低限下記の単位体積重量は知っておくと現場で役に立ちます。

① 重量（単位体積重量）

品名	単位体積重量	品名	単位体積重量
鋼材	7,850k kg / m^3	コンクリート	2,350 kg /m^3
木材	800 kg /m^3	土砂（ローム）	1,600 kg /m^3
（例）厚さ 15mm で縦 90cm、横 1.8m の鉄板の重量は w＝（0.015m × 0.9m × 1.8m）×7,850 kg /m^3 ＝ 191 kg			

※国際単位系（ＳＩ）

1 N（ニュートン）　→　0.102 kg

1 k N　→　102 kg

1ニュートンは、1 kgの質量をもつ物体に1メートル毎秒毎秒（m/s^2）の加速度を生じさせる力と定義される。

②長さ

現場では設計図に基づいて製品を完成するので、スケールは必須アイテムだが、重量と同じで、概略の長さを計測する場合、知っておくと便利な知識がある。それを下記に示したが、現場に行ったら一度確認しておくべきだろう。

＜知っておきたい長さ＞

手の長さ	概ね 20cm 程度
歩幅	個人差で違うので確認
両手を広げた時	概ね身長と同じといわれている 身長が 1.7m であれば両手を広げた 両手の幅 1.7m
知識の利用法例 ※スケールがなく鉄板の大きさを知りたいときなどに便利 ※サポート間隔を概略知りたい場合	

2）気象の定義（労働安全衛生法で定める）

・悪天候とは？

① 大雨・・・1 回の降雨量が 50mm 以上の降雨をいう

② 大雪・・・1 回の降雪量が 25cm 以上の降雪をいう

③ 強風・・・10 分間の平均風速が毎秒 10m 以上の風

④ 暴風・・・瞬間風速が毎秒 30m 以上の風をいう

・中震以上の地震とは？

震度階級 4 以上（計測震度 3.5 以上）の地震をいう

・震度4

人　　間：かなりの恐怖感があり一部の人は身の安全を図ろうとする。眠っている人のほとんどが目を覚ます。

屋内の状況：吊り下げ物は大きく揺れ、棚にある食器類は音を立てる。座りの悪い置物が、倒れることがある。

屋外の状況：電線が大きく揺れを感じる。自動車を運転していて揺れに気付く人もいる。

基発第 101 号（昭和 32 年 2 月 18 日）、基発第 309 号（昭和 46 年 4 月 15 日）より、労働安全衛生規則に悪天候時における作業の中止や点検について定められている。

9 4 三大災害防止の関連法令

※　条文中の表は省略してあります。

1．墜落災害防止の関連法令

労働安全衛生規則

第一節　墜落等による危険の防止

（作業床の設置等）

第518条　事業者は、高さが2メートル以上の箇所（作業床の端、開口部等を除く。）で作業を行なう場合において墜落により労働者に危険を及ぼすおそれのあるときは、足場を組み立てる等の方法により作業床を設けなければならない。

2　事業者は、前項の規定により作業床を設けることが困難なときは、防網を張り、労働者に要求性能墜落制止用器具を使用させる等墜落による労働者の危険を防止するための措置を講じなければならない。

（開口部等の囲い等）

第519条　事業者は、高さが2メートル以上の作業床の端、開口部等で墜落により労働者に危険を及ぼすおそれのある箇所には、囲い、手すり、覆（おお）い等（以下この条において「囲い等」という。）を設けなければならない。

2　事業者は、前項の規定により、囲い等を設けることが著しく困難なとき又は作業の必要上臨時に囲い等を取りはずすときは、防網を張り、労働者に要求性能墜落制止用器具を使用させる等墜落による労働者の危険を防止するための措置を講じなければならない。

（要求性能墜落制止用器具の使用）

第520条　労働者は、第518条第2項及び前条第2項の場合において、要求性能墜落制止用器具等の使用を命じられたときは、これを使用しなければならない。

（要求性能墜落制止用器具等の取付設備等）

第521条　事業者は、高さが2メートル以上の箇所で作業を行う場合において、労働者に要求性能墜落制止用器具等を使用させるときは、要求性能墜落制止用器具等を安全に取り付けるための設備等を設けなければならない。

2　事業者は、労働者に要求性能墜落制止用器具等を使用させるときは、要求性能墜落制止用器具等及びその取付け設備等の異常の有無について、随時点検しなければならない。

（悪天候時の作業禁止）

第522条　事業者は、高さが2メートル以上の箇所で作業を行なう場合において、強風、大雨、大雪等の悪天候のため、当該作業の実施について危険が予想されるときは、当該作業に労働者を従事させてはならない。

（照度の保持）

第523条　事業者は、高さが2メートル以上の箇所で作業を行なうときは、当該作業を安全に行なうため必要な照度を保持しなければならない。

（スレート等の屋根上の危険の防止）

第524条　事業者は、スレート、木毛板等の材料でふかれた屋根の上で作業を行なう場合において、踏み抜きにより労働者に危険を及ぼすおそれのあるときは、幅が30センチメートル以上の歩み板を設け、防網を張る等踏み抜きによる労働者の危険を防止するための措置を講じなければならない。

（昇降するための設備の設置等）

第526条　事業者は、高さ又は深さが1.5メートルをこえる箇所で作業を行なうときは、当該作業に従事する労働者が安全に昇降するための設備等を設けなければならない。ただし、安全に昇降するための設備等を設けることが作業の性質上著しく困難なときは、この限りでない。

2　前項の作業に従事する労働者は、同項本文の規定により安全に昇降するための設備等が設けられたときは、当該設備等を使用しなければならない。

（移動はしご）

第527条　事業者は、移動はしごについては、次に定めるところに適合したものでなければ使用してはならない。

一　丈夫な構造とすること。

二　材料は、著しい損傷、腐食等がないものとすること。

三　幅は30センチメートル以上とすること。

四　すべり止め装置の取付けその他転位を防止するために必要な措置を講ずること。

（脚立（きゃたつ））

第528条　事業者は、脚立については、次に定めるところに適合したものでなければ使用してはならない。

一　丈夫な構造とすること。

二　材料は、著しい損傷、腐食等がないものとすること。

三　脚と水平面との角度を75度以下とし、かつ、折りたたみ式のものにあっては、脚と水平面との角度を確実に保つための金具等を備えること。

四　踏み面は、作業を安全に行なうため必要な面積を有すること。

（建築物等の組立て、解体又は変更の作業）

第529条　事業者は、建築物、橋梁（りょう）、足場等の組立て、解体又は変更の作業（作業主任者を選任しなければならない作業を除く。）を行なう場合において、墜落により労働者に危険を及ぼすおそれのあるときは、次の措置を講じなければならない。

一　作業を指揮する者を指名して、その者に直接作業を指揮させること。

二　あらかじめ、作業の方法及び順序を当該作業に従事する労働者に周知させること。

（立入禁止）

第530条　事業者は、墜落により労働者に危険を及ぼすおそれのある箇所に関係労働者以外の労働者を立ち入らせてはならない。

（架設通路）

第552条　事業者は、架設通路については、次に定めるところに適合したものでなければ使用してはならない。

一　丈夫な構造とすること。

二　勾配は、30度以下とすること。ただし、階段を設けたもの又は高さが2メートル未満で丈夫な手掛を設けたものはこの限りでない。

三　勾配が15度を超えるものには、踏桟その他の滑止めを設けること。

四　墜落の危険のある箇所には、次に掲げる設備（丈夫な構造の設備であって、たわみが生ずるおそれがなく、かつ、著しい損傷、変形又は腐食がないものに限る。）を設けること。

イ　高さ85センチメートル以上の手すり又はこれと同等以上の機能を有する設備（以下「手すり等」という。）

ロ　高さ35センチメートル以上50センチメートル以下の桟又はこれと同等以上の機能を有する設備（以下「中桟等」という。）

五　たて坑内の架設通路でその長さが15メートル以上であるものは、10メートル以内ごとに踊場を設けること。

六　建設工事に使用する高さ8メートル以上の登り桟橋には、7メートル以内ごとに踊場を設けること。

2　前項第四号の規定は、作業の必要上臨時に手すり等又は中桟等を取り外す場合において、次の措置を講じたときは、適用しない。

一　要求性能墜落制止用器具を安全に取り付けるための設備等を設け、かつ、労働者に要求性能墜落制止用器具を使用させる措置又はこれと同等以上の効果を有する措置を講ずること。

二　前号の措置を講ずる箇所には、関係労働者以外の労働者を立ち入らせないこと。

3　事業者は、前項の規定により作業の必要上臨時に手すり等又は中桟等を取り外したときは、その必要がなくなった後、直ちにこれらの設備を原状に復さなければならない。

4　労働者は、第二項の場合において、要求性能墜落制止用器具の使用を命じられたときは、これを使用しなければならない。

第二節　足場

第一款　材料等

（本足場の使用）

第561条の2　事業者は、幅が1メートル以上の箇所において足場を使用するときは、本足場を使用しなければならない。ただし、つり足場を使用するとき、又は障害物の存在その他の足場を使用する場所の状況により本足場を使用することが困難なときは、この限りでない。

（最大積載荷重）

第562条　事業者は、足場の構造及び材料に応じて、作業床の最大積載荷重を定め、かつ、これを超えて積載してはならない。

2　前項の作業床の最大積載荷重は、つり足場（ゴンドラのつり足場を除く。以下この節において同じ。）にあっては、つりワイヤロープ及びつり鋼線の安全係数が10以上、つり鎖及びつりフックの安全係数が5以上並びにつり鋼帯並びにつり足場の下部及び上部の支点の安全係数が鋼材にあっては2.5以上、木材にあっては5以上となるように、定めなければならない。

3　事業者は、第1項の最大積載荷重を労働者に周知させなければならない。

（作業床）

第563条　事業者は、足場（一側足場を除く。第三号において同じ。）における高さ2メートル以上の作業場所には、次に定めるところにより、作業床を設けなければならない。

一　床材は、支点間隔及び作業時の荷重に応じて計算した曲げ応力の値が、次の表の上欄に掲げる木材の種類に応じ、それぞれ同表の下欄に掲げる許容曲げ応力の値を超えないこと。

二　つり足場の場合を除き、幅、床材間の隙間及び床材と建地との隙間は、次に定めるところによること。

イ　幅は、40センチメートル以上とすること。

ロ　床材間の隙間は、3センチメートル以下とすること。

ハ　床材と建地との隙間は、12センチメートル未満とすること。

三　墜落により労働者に危険を及ぼすおそれのある箇所には、次に掲げる足場の種類に応じて、それぞれ次に掲げる設備（丈夫な構造の設備であって、たわみが生ずるおそれがなく、かつ、著しい損傷、変形又は腐食がないものに限る。以下「足場用墜落防止設備」という。）を設けること。

イ　わく組足場（妻面に係る部分を除く。ロにおいて同じ。）　次のいずれかの設備

（1）交さ筋かい及び高さ15センチメートル以上40センチメートル以下の桟若しくは高さ15センチメートル以上の幅木又はこれらと同等以上の機能を有する設備

（2）手すりわく

ロ　わく組足場以外の足場　手すり等及び中桟等

四　腕木、布、はり、脚立その他作業床の支持物は、これにかかる荷重によって破壊するおそれのないものを使用すること。

五　つり足場の場合を除き、床材は、転位し、又は脱落しないように2以上の支持物に

取り付けること。

六　作業のため物体が落下することにより、労働者に危険を及ぼすおそれのあるときは、高さ10センチメートル以上の幅木、メッシュシート若しくは防網又はこれらと同等以上の機能を有する設備（以下「幅木等」という。）を設けること。ただし、第三号の規定に基づき設けた設備が幅木等と同等以上の機能を有する場合又は作業の性質上幅木等を設けることが著しく困難な場合若しくは作業の必要上臨時に幅木等を取り外す場合において、立入区域を設定したときは、この限りでない。

2　前項第二号ハの規定は、次の各号のいずれかに該当する場合であつて、床材と建地との隙間が12センチメートル以上の箇所に防網を張る等墜落による労働者の危険を防止するための措置を講じたときは、適用しない。

一　はり間方向における建地と床材の両端との隙間の和が24センチメートル未満の場合

二　はり間方向における建地と床材の両端との隙間の和を24センチメートル未満とすることが作業の性質上困難な場合

3　第一項第三号の規定は、作業の性質上足場用墜落防止設備を設けることが著しく困難な場合又は作業の必要上臨時に足場用墜落防止設備を取り外す場合において、次の措置を講じたときは、適用しない。

一　要求性能墜落制止用器具を安全に取り付けるための設備等を設け、かつ、労働者に要求性能墜落制止用器具を使用させる措置又はこれと同等以上の効果を有する措置を講ずること。

二　前号の措置を講ずる箇所には、関係労働者以外の労働者を立ち入らせないこと。

4　第一項第五号の規定は、次の各号のいずれかに該当するときは、適用しない。

一　幅が20センチメートル以上、厚さが3.5センチメートル以上、長さが3.6メートル以上の板を床材として用い、これを作業に応じて移動させる場合で、次の措置を講ずるとき。

イ　足場板は、三以上の支持物に掛け渡すこと。

ロ　足場板の支点からの突出部の長さは、10センチメートル以上とし、かつ、労働者が当該突出部に足を掛けるおそれのない場合を除き、足場板の長さの18分の1以下とすること。

ハ　足場板を長手方向に重ねるときは、支点の上で重ね、その重ねた部分の長さは、20センチメートル以上とすること。

二　幅が30センチメートル以上、厚さが6センチメートル以上、長さが4メートル以上の板を床材として用い、かつ、前号ロ及びハに定める措置を講ずるとき。

5　事業者は、第三項の規定により作業の必要上臨時に足場用墜落防止設備を取り外したときは、その必要がなくなつた後、直ちに当該設備を原状に復さなければならない。

6　労働者は、第三項の場合において、要求性能墜落制止用器具の使用を命じられたときは、これを使用しなければならない。

わく組足場（省令改正）

①または②の設置（妻面に係る部分を除く）を義務づけた。（第 563 条）

①交さ筋かいにさん（高さ 15cm ～ 40cm の位置）若しくは幅木（高さ 15cm 以上）又は同等以上の機能を有する設備を設置する。

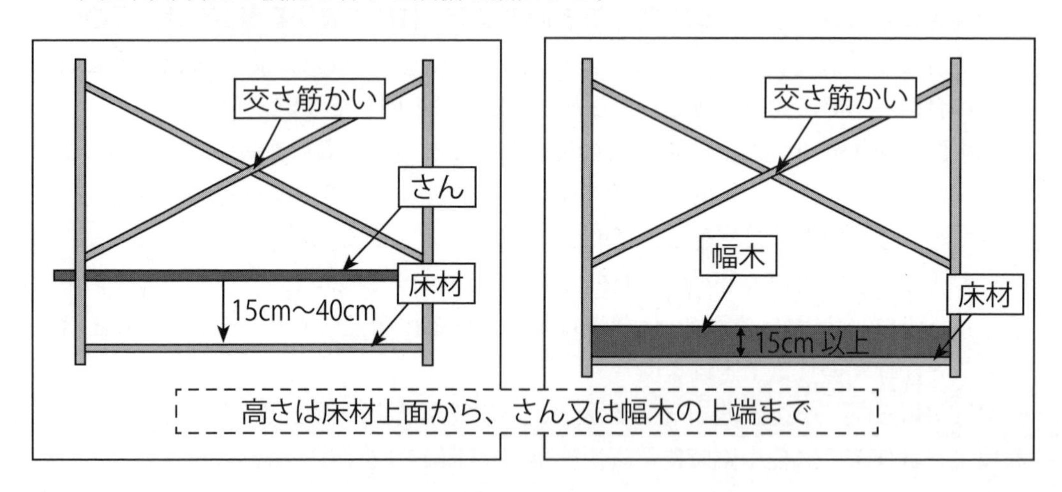

わく組足場以外の足場（単管足場・くさび緊結足場・つり足場等）

手すり（高さ 85cm 以上）又は同等以上の機能を有する設備及びさん（中さん）（高さ 35cm ～ 50cm の位置）等を設置する。（第 563 条）

なお、「高さ 10cm 以上の幅木と併設した、幅木の上端から中さんの上端までの距離が 50cm 以下となるような中さん」は、高さ 35cm 以上 50cm 以下のさん（中さん）と「同党以上の機能を有する設備」に該当する。（基安安発第 0515001 号 平成 21 年 5 月 15 日）

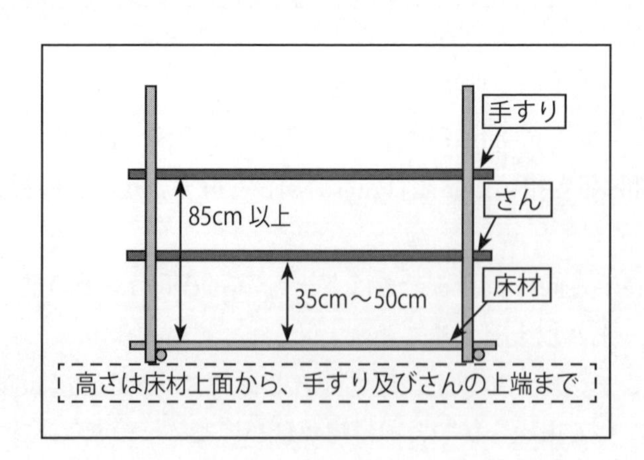

第二款　足場の組立て等における危険の防止

（足場の組立て等の作業）

第564条　事業者は、つり足場、張出し足場又は高さが2メートル以上の構造の足場の組立て、解体又は変更の作業を行うときは、次の措置を講じなければならない。

一　組立て、解体又は変更の時期、範囲及び順序を当該作業に従事する労働者に周知させること。

二　組立て、解体又は変更の作業を行う区域内には、関係労働者以外の労働者の立入りを禁止すること。

三　強風、大雨、大雪等の悪天候のため、作業の実施について危険が予想されるときは、作業を中止すること。

四　足場材の緊結、取り外し、受渡し等の作業にあっては、墜落による労働者の危険を防止するため、次の措置を講ずること。

イ　幅40センチメートル以上の作業床を設けること。ただし、当該作業床を設けることが困難なときは、この限りでない。

ロ　要求性能墜落制止用器具を安全に取り付けるための設備等を設け、かつ、労働者に要求性能墜落制止用器具を使用させる措置を講ずること。ただし、当該措置と同等以上の効果を有する措置を講じたときは、この限りでない。

五　材料、器具、工具等を上げ、又は下ろすときは、つり綱、つり袋等を労働者に使用させること。ただし、これらの物の落下により労働者に危険を及ぼすおそれがないときは、この限りでない。

2　労働者は、前項第四号に規定する作業を行う場合において要求性能墜落制止用器具の使用を命ぜられたときは、これを使用しなければならない。

（足場の組立て等作業主任者の選任）

第565条　事業者は、令第6条第15号の作業については、足場の組立て等作業主任者技能講習を修了した者のうちから、足場の組立て等作業主任者を選任しなければならない。

> **労働安全衛生法施行令**
>
> **（作業主任者を選任すべき作業）**
>
> 第6条　法第14条の政令で定める作業は、次のとおりとする。
>
> 十五　つり足場（ゴンドラのつり足場を除く。以下同じ。）、張出し足場又は高さが5メートル以上の構造の足場の組立て、解体又は変更の作業

（足場の組立て等作業主任者の職務）

第566条　事業者は、足場の組立て等作業主任者に、次の事項を行なわせなければならない。ただし、解体の作業のときは、第1号の規定は、適用しない。

一　材料の欠点の有無を点検し、不良品を取り除くこと。
二　器具、工具、要求性能墜落制止用器具及び保護帽の機能を点検し、不良品を取り除くこと。
三　作業の方法及び労働者の配置を決定し、作業の進行状況を監視すること。
四　要求性能墜落制止用器具及び保護帽の使用状況を監視すること。

（点検）

第567条　事業者は、足場（つり足場を除く。）における作業を行うときは、点検者を指名して、その日の作業を開始する前に、作業を行う箇所に設けた足場用墜落防止設備の取り外し及び脱落の有無について点検させ、異常を認めたときは、直ちに補修しなければならない。

2　事業者は、強風、大雨、大雪等の悪天候若しくは中震以上の地震又は足場の組立て、一部解体若しくは変更の後において、足場における作業を行うときは、点検者を指名して、作業を開始する前に、次の事項について点検させ、異常を認めたときは、直ちに補修しなければならない。
一　床材の損傷、取付け及び掛渡しの状態
二　建地、布、腕木等の緊結部、接続部及び取付部の緩みの状態
三　緊結材及び緊結金具の損傷及び腐食の状態
四　足場用墜落防止設備の取り外し及び脱落の有無
五　幅木等の取付状態及び取り外しの有無
六　脚部の沈下及び滑動の状態
七　筋かい、控え、壁つなぎ等の補強材の取付状態及び取り外しの有無
八　建地、布及び腕木の損傷の有無
九　突りようとつり索との取付部の状態及びつり装置の歯止めの機能

3　事業者は、前項の点検を行つたときは、次の事項を記録し、足場を使用する作業を行う仕事が終了するまでの間、これを保存しなければならない。
一　当該点検の結果及び点検者の氏名
二　前号の結果に基づいて補修等の措置を講じた場合にあつては、当該措置の内容

（つり足場の点検）

第568条　事業者は、つり足場における作業を行うときは、点検者を指名して、その日の作業を開始する前に、前条第二項第一号から第五号まで、第七号及び第九号に掲げる事項について点検させ、異常を認めたときは、直ちに補修しなければならない。

（令別表第八第一号に掲げる部材等を用いる鋼管足場）

第571条　事業者は、令別表第八第一号に掲げる部材又は単管足場用鋼管規格に適合する鋼管を用いて構成される鋼管足場については、前条第一項に定めるところによるほか、単管足場にあっては第一号から第四号まで、わく組足場にあっては第五号から第七号ま

でに定めるところに適合したものでなければ使用してはならない。

一　建地の間隔は、けた行方向を1.85メートル以下、はり間方向は1.5メートル以下とすること。

二　地上第一の布は、2メートル以下の位置に設けること。

三　建地の最高部から測って31メートルを超える部分の建地は、鋼管を二本組とすること。ただし、建地の下端に作用する設計荷重（足場の重量に相当する荷重に、作業床の最大積載荷重を加えた荷重をいう。）が当該建地の最大使用荷重（当該建地の破壊に至る荷重の2分の1以下の荷重をいう。）を超えないときは、この限りでない。

四　建地間の積載荷重は、400キログラムを限度とすること。

五　最上層及び五層以内ごとに水平材を設けること。

六　はりわく及び持送りわくは、水平筋かいその他によつて横振れを防止する措置を講ずること。

七　高さ20メートルを超えるとき及び重量物の積載を伴う作業を行うときは、使用する主わくは、高さ2メートル以下のものとし、かつ、主わく間の間隔は1.85メートル以下とすること。

2　前項第一号又は第四号の規定は、作業の必要上これらの規定により難い場合において、各支点間を単純ばりとして計算した最大曲げモーメントの値に関し、事業者が次条に定める措置を講じたときは、適用しない。

3　第一項第二号の規定は、作業の必要上同号の規定により難い部分がある場合において、二本組等により当該部分を補強したときは、適用しない。

（作業構台についての措置）

第575条の6　事業者は、作業構台については、次に定めるところによらなければならない。

一　作業構台の支柱は、その滑動又は沈下を防止するため、当該作業構台を設置する場所の地質等の状態に応じた根入れを行い、当該支柱の脚部に根がらみを設け、敷板、敷角等を使用する等の措置を講ずること。

二　支柱、はり、筋かい等の緊結部、接続部又は取付部は、変位、脱落等が生じないよう緊結金具等で堅固に固定すること。

三　高さ2メートル以上の作業床の床材間の隙間は、3センチメートル以下とすること。

四　高さ2メートル以上の作業床の端で、墜落により労働者に危険を及ぼすおそれのある箇所には、手すり等及び中桟等（それぞれ丈夫な構造の設備であって、たわみが生ずるおそれがなく、かつ、著しい損傷、変形又は腐食がないものに限る。）を設けること。

2　前項第四号の規定は、作業の性質上手すり等及び中桟等を設けることが著しく困難な場合又は作業の必要上臨時に手すり等又は中桟等を取り外す場合において、次の措置を講じたときは、適用しない。

一　要求性能墜落制止用器具を安全に取り付けるための設備等を設け、かつ、労働者に要求性能墜落制止用器具を使用させる措置又はこれと同等以上の効果を有する措置を講ずること。

二　前号の措置を講ずる箇所には、関係労働者以外の労働者を立ち入らせないこと。

3　事業者は、前項の規定により作業の必要上臨時に手すり等又は中桟等を取り外したときは、その必要がなくなった後、直ちにこれらの設備を原状に復さなければならない。

4　労働者は、第二項の場合において、要求性能墜落制止用器具の使用を命じられたときは、これを使用しなければならない。

（足場についての措置）

第655条　注文者は、法第31条第一項の場合において、請負人の労働者に、足場を使用させるときは、当該足場について、次の措置を講じなければならない。

一　構造及び材料に応じて、作業床の最大積載荷重を定め、かつ、これを足場の見やすい場所に表示すること。

二　強風、大雨、大雪等の悪天候若しくは中震以上の地震又は足場の組立て、一部解体若しくは変更の後においては、点検者を指名して、足場における作業を開始する前に、次の事項について点検させ、危険のおそれがあるときは、速やかに修理すること。

イ　床材の損傷、取付け及び掛渡しの状態

ロ　建地、布、腕木等の緊結部、接続部及び取付部の緩みの状態

ハ　緊結材及び緊結金具の損傷及び腐食の状態

ニ　足場用墜落防止設備の取り外し及び脱落の有無

ホ　幅木等の取付状態及び取り外しの有無

ヘ　脚部の沈下及び滑動の状態

ト　筋かい、控え、壁つなぎ等の補強材の取付けの状態

チ　建地、布及び腕木の損傷の有無

リ　突りようとつり索との取付部の状態及びつり装置の歯止めの機能

三　前二号に定めるもののほか、法第42条の規定に基づき厚生労働大臣が定める規格及び第二編第10章第二節（第559条から第561条まで、第562条第二項、第563条、第569条から第572条まで及び第574条に限る。）に規定する足場の基準に適合するものとすること。

2　注文者は、前項第二号の点検を行つたときは、次の事項を記録し、足場を使用する作業を行う仕事が終了するまでの間、これを保存しなければならない。

一　当該点検の結果及び点検者の氏名

二　前号の結果に基づいて修理等の措置を講じた場合にあつては、当該措置の内容。

（特別教育を必要とする業務）

第36条　法第59条第三項の厚生労働省令で定める危険又は有害な業務は、次のとおりとする。

一～三十八　省略

三十九　足場の組立て、解体又は変更の作業に係る業務（地上又は堅固な床上における補助作業の業務を除く。）

2．重機災害防止の関連法令

労働安全衛生規則

第二章　建設機械等

第一節　車両系建設機械

第一款　総則

（定義等）

第151条の175　この節において解体用機械とは、令別表第七第六号に掲げる機械で、動力を用い、かつ、不特定の場所に自走できるものをいう。

2　令別表第七第六号２の厚生労働省令で定める機械は、次のとおりとする。

一　鉄骨切断機

二　コンクリート圧砕機

三　解体用つかみ機

第一款の２　構造

（前照燈の設置）

第152条　事業者は、車両系建設機械には、前照燈を備えなければならない。ただし、作業を安全に行うため必要な照度が保持されている場所において使用する車両系建設機械については、この限りではない。

（ヘッドガード）

第153条　事業者は、岩石の落下等により労働者に危険が生ずるおそれのある場所で車両系建設機械（ブル・ドーザー、トラクター・ショベル、ずり積機、パワー・ショベル、ドラグ・ショベル及び解体用機械に限る。）を使用するときは、当該車両系建設機械に堅固なヘッドガードを備えなければならない。

第二款　車両系建設機械の使用に係る危険の防止

（調査及び記録）

第154条　事業者は、車両系建設機械を用いて作業を行なうときは、当該車両系建設機械の転落、地山の崩壊等による労働者の危険を防止するため、あらかじめ、当該作業に係る場所について地形、地質の状態等を調査し、その結果を記録しておかなければならない。

（作業計画）

第155条　事業者は、車両系建設機械を用いて作業を行なうときは、あらかじめ、前条の規定による調査により知り得たところに適応する作業計画を定め、かつ、当該作業計画により作業を行なわなければならない。

2　前項の作業計画は、次の事項が示されているものでなければならない。

一　使用する車両系建設機械の種類及び能力

二　車両系建設機械の運行経路

三　車両系建設機械による作業の方法

3　事業者は、第1項の作業計画を定めたときは、前項第2号及び第3号の事項について関係労働者に周知させなければならない。

（制限速度）

第156条　事業者は、車両系建設機械（最高速度が毎時10キロメートル以下のものを除く。）を用いて作業を行なうときは、あらかじめ、当該作業に係る場所の地形、地質の状態等に応じた車両系建設機械の適正な制限速度を定め、それにより作業を行なわなければならない。

2　前項の車両系建設機械の運転者は、同項の制限速度をこえて車両系建設機械を運転してはならない。

（転落等の防止）

第157条　事業者は、車両系建設機械を用いて作業を行うときは、車両系建設機械の転倒又は転落による労働者の危険を防止するため、当該車両系建設機械の運行経路について路肩の崩壊を防止すること、地盤の不同沈下を防止すること、必要な幅員を保持すること等必要な措置を講じなければならない。

2　事業者は、路肩、傾斜地等で車両系建設機械を用いて作業を行う場合において、当該車両系建設機械の転倒又は転落により労働者に危険が生ずるおそれのあるときは、誘導者を配置し、その者に当該車両系建設機械を誘導させなければならない。

3　前項の車両系建設機械の運転者は、同項の誘導者が行う誘導に従わなければならない。

（接触の防止）

第158条　事業者は、車両系建設機械を用いて作業を行なうときは、運転中の車両系建設機械に接触することにより労働者に危険が生ずるおそれのある箇所に、労働者を立ち入らせてはならない。ただし、誘導者を配置し、その者に当該車両系建設機械を誘導させるときは、この限りではない。

2　前項の車両系建設機械の運転者は、同項ただし書の誘導者が行なう誘導に従わなければならない。

（合図）

第159条　事業者は、車両系建設機械の運転について誘導者を置くときは、一定の合図を定め、誘導者に当該合図を行なわせなければならない。

2　前項の車両系建設機械の運転者は、同項の合図に従わなければならない。

（運転位置から離れる場合の措置）

第160条　事業者は、車両系建設機械の運転者が運転位置から離れるときは、当該運転者に次の措置を講じさせなければならない。

一　バケット、ジッパー等の作業装置を地上に下ろすこと。

二　原動機を止め、かつ、走行ブレーキをかける等の車両系建設機械の逸走を防止する措置を講ずること。

2　前項の運転者は、車両系建設機械の運転位置から離れるときは、同項各号に掲げる措置を講じなければならない。

（車両系建設機械の移送）

第161条　事業者は、車両系建設機械を移送するため自走又はけん引により貨物自動車等に積卸しを行う場合において、道板、盛土等を使用するときは、当該車両系建設機械の転倒、転落等による危険を防止するため、次に定めるところによらなければならない。

一　積卸しは、平たんで堅固な場所において行なうこと。

二　道板を使用するときは、十分な長さ、幅及び強度を有する道板を用い、適当なこう配で確実に取り付けること。

三　盛土、仮設台等を使用するときは、十分な幅及び強度並びに適切な勾配を確保すること。

（とう乗の制限）

第162条　事業者は、車両系建設機械を用いて作業を行なうときは、乗車席以外の箇所に労働者を乗せてはならない。

（使用の制限）

第163条　事業者は、車両系建設機械を用いて作業を行うときは、転倒及びブーム、アーム等の作業装置の破壊による労働者の危険を防止するため、当該車両系建設機械についてその構造上定められた安定度、最大使用荷重等を守らなければならない。

（主たる用途以外の使用の制限）

第164条　事業者は、車両系建設機械を、パワー・ショベルによる荷のつり上げ、クラムシェルによる労働者の昇降等当該車両系建設機械の主たる用途以外の用途に使用してはならない。

2　前項の規定は、次のいずれかに該当する場合には適用しない。

一　荷のつり上げの作業を行う場合であって、次のいずれにも該当するとき。

イ　作業の性質上やむを得ないとき又は安全な作業の遂行上必要なとき。

ロ　アーム、バケット等の作業装置に次のいずれにも該当するフック、シャックル等の金具その他のつり上げ用の器具を取り付けて使用するとき。

(1) 負荷させる荷重に応じた十分な強度を有するものであること。

(2) 外れ止め装置が使用されていること等により当該器具からつり上げた荷が落下するおそれのないものであること。

(3) 作業装置から外れるおそれのないものであること。

二　荷のつり上げの作業以外の作業を行う場合であって、労働者に危険を及ぼすおそれのないとき。

3　事業者は、前項第1号イ及びロに該当する荷のつり上げの作業を行う場合には、労働者とつり上げた荷との接触、つり上げた荷の落下又は車両系建設機械の転倒若しくは転落による労働者の危険を防止するため、次の措置を講じなければならない。

一　荷のつり上げの作業について一定の合図を定めるとともに、合図を行う者を指名して、その者に合図を行わせること。

二　平たんな場所で作業を行うこと。

三　つり上げた荷との接触又はつり上げた荷の落下により労働者に危険が生ずるおそれのある箇所に労働者を立ち入らせないこと。

四　当該車両系建設機械の構造及び材料に応じて定められた負荷させることができる最大の荷重を超える荷重を掛けて作業を行わないこと。

五　ワイヤロープを玉掛用具として使用する場合にあっては、次のいずれにも該当するワイヤロープを使用すること。

イ　安全係数（クレーン則第213条第2項に規定する安全係数をいう。）の値が6以上のものであること。

ロ　ワイヤロープ一よりの間において素線（フィラ線を除く。）のうち切断しているものが10パーセント未満のものであること。

ハ　直径の減少が公称径の7パーセント以下のものであること。

ニ　キンクしていないものであること。

ホ　著しい形崩れ及び腐食がないものであること。

六　つりチェーンを玉掛用具として使用する場合にあっては、次のいずれにも該当するつりチェーンを使用すること。

イ　安全係数（クレーン則第213条の2第2項に規定する安全係数をいう。）の値が、次の①又は②に掲げるつりチェーンの区分に応じ、当該①又は②に掲げる値以上のものであること。

①　次のいずれにも該当するつりチェーン　4

i　切断荷重の2分の1の荷重で引っ張った場合において、その伸びが0.5パーセント以下のものであること。

ii その引張強さの値が400ニュートン毎平方ミリメートル以上であり、かつ、その伸びが、次の表の上欄に掲げる引張強さの値に応じ、それぞれ同表の下欄に掲げる値以上となること。

② ①に該当しないつりチェーン 5

ロ 伸びが、当該つりチェーンが製造されたときの長さの5パーセント以下のものであること。

ハ リンクの断面の直径の減少が、当該つりチェーンが製造されたときの当該リンクの断面の直径の10パーセント以下のものであること。

ニ き裂がないものであること。

七 ワイヤロープ及びつりチェーン以外のものを玉掛用具として使用する場合にあっては、著しい損傷及び腐食がないものを使用すること。

(修理等)

第165条 事業者は、車両系建設機械の修理又はアタッチメントの装着若しくは取り外しの作業を行うときは、当該作業を指揮する者を定め、その者に次の措置を講じさせなければならない。

一 作業手順を決定し、作業を指揮すること。

二 次条第1項に規定する安全支柱、安全ブロック等及び第166条の2第1項に規定する架台の使用状況を監視すること。

(ブーム等の降下による危険の防止)

第166条 事業者は、車両系建設機械のブーム、アーム等を上げ、その下で修理、点検等の作業を行うときは、ブーム、アーム等が不意に降下することによる労働者の危険を防止するため、当該作業に従事する労働者に安全支柱、安全ブロック等を使用させなければならない。

2 前項の作業に従事する労働者は、同項の安全支柱、安全ブロック等を使用しなければならない。

第三款 定期自主検査等

(定期自主検査)

第167条 事業者は、車両系建設機械については、1年以内ごとに1回、定期に、次の事項について自主検査を行わなければならない。ただし、1年を超える期間使用しない車両系建設機械の当該使用しない期間においては、この限りでない。

一 圧縮圧力、弁すき間その他原動機の異常の有無

二 クラッチ、トランスミッション、プロペラシャフト、デファレンシャルその他動力伝達装置の異常の有無

三 起動輪、遊動輪、上下転輪、履帯、タイヤ、ホイールベアリングその他走行装置の

異常の有無

四　かじ取り車輪の左右の回転角度、ナックル、ロッド、アームその他操縦装置の異常の有無

五　制動能力、ブレーキドラム、ブレーキシューその他ブレーキの異常の有無

六　ブレード、ブーム、リンク機構、バケット、ワイヤロープその他の作業装置の異常の有無

七　油圧ポンプ、油圧モーター、シリンダー、安全弁その他油圧装置の異常の有無

八　電圧、電流その他電気系統の異常の有無

九　車体、操作装置、ヘッドガード、バックストッパー、昇降装置、ロック装置、警報装置、方向指示器、燈火装置及び計器の異常の有無

2　事業者は、前項ただし書の車両系建設機械については、その使用を再び開始する際に、同項各号に掲げる事項について自主検査を行わなければならない。

第168条　事業者は、車両系建設機械については、1月以内ごとに1回、定期に、次の事項について自主検査を行わなければならない。ただし、1月を超える期間使用しない車両系建設機械の当該使用しない期間においては、この限りでない。

一　ブレーキ、クラッチ、操作装置及び作業装置の異常の有無

二　ワイヤロープ及びチェーンの損傷の有無

三　バケット、ジッパー等の損傷の有無

四　第171条の4の特定解体用機械にあっては、逆止め弁、警報装置等の異常の有無

2　事業者は、前項ただし書の車両系建設機械については、その使用を再び開始する際に、同項各号に掲げる事項について自主検査を行わなければならない。

（定期自主検査の記録）

第169条　事業者は、前2条の自主検査を行ったときは、次の事項を記録し、これを3年間保存しなければならない。

一　検査年月日

二　検査方法

三　検査箇所

四　検査の結果

五　検査を実施した者の氏名

六　検査の結果に基づいて補修等の措置を講じたときは、その内容

（特定自主検査）

第169条の2　車両系建設機械に係る特定自主検査は、第167条に規定する自主検査とする。

2　第151条の24第2項の規定は、車両系建設機械のうち令別表第7第1号、第2号又は第6号に掲げるものに係る法第45条第2項の厚生労働省令で定める資格を有する労働者について準用する。この場合において、第151条の24第2項第1号イからハまでの規

定中「フォークリフト」とあるのは「車両系建設機械のうち令別表第7第1号、第2号若しくは第6号に掲げるもの」と、同号ニ中「フォークリフト」とあるのは「車両系建設機械のうち令別表第7第1号、第2号又は第6号に掲げるもの」と読み替えるものとする。

3　第151条の24第2項の規定は、車両系建設機械のうち令別表第7第3号に掲げるものに係る法第45条第2項の厚生労働省令で定める資格を有する労働者について準用する。この場合において、第151条の24第2項第1号中「フォークリフト」とあるのは、「車両系建設機械のうち令別表第7第3号に掲げるもの」と読み替えるものとする。

4　第151条の24第2項の規定は、車両系建設機械のうち令別表第7第4号に掲げるものに係る法第45条第2項の厚生労働省令で定める資格を有する労働者について準用する。この場合において、第151条の24第2項第1号中「フォークリフト」とあるのは、「車両系建設機械のうち令別表第7第4号に掲げるもの」と読み替えるものとする。

5　第151条の24第2項の規定は、車両系建設機械のうち令別表第7第5号に掲げるものに係る法第45条第2項の厚生労働省令で定める資格を有する労働者について準用する。この場合において、第151条の24第2項第1号中「フォークリフト」とあるのは、「車両系建設機械のうち令別表第7第5号に掲げるもの」と読み替えるものとする。

6　事業者は、運行の用に供する車両系建設機械（道路運送車両法第48条第1項の適用を受けるものに限る。）について、同項の規定に基づいて点検を行った場合には、当該点検を行った部分については第167条の自主検査を行うことを要しない。

7　車両系建設機械に係る特定自主検査を検査業者に実施させた場合における前条の規定の適用については、同条第5号中「検査を実施した者の氏名」とあるのは「検査業者の名称」とする。

8　事業者は、車両系建設機械に係る自主検査を行ったときは、当該車両系建設機械の見やすい箇所に、特定自主検査を行った年月を明らかにすることができる検査標章をはり付けなければならない。

（作業開始前点検）

第170条　事業者は、車両系建設機械を用いて作業を行うときは、その日の作業を開始する前に、ブレーキ及びクラッチの機能について点検を行なわなければならない。

（補修等）

第171条　事業者は、第167条若しくは第168条の自主検査又は前条の点検を行った場合において、異常を認めたときは、直ちに補修その他必要な措置を講じなければならない。

3．土砂崩壊災害防止の関連法令

労働安全衛生規則

第六章　掘削作業等における危険の防止

第一節　明り掘削の作業

第一款　掘削の時期及び順序等

（作業箇所等の調査）

第355条　事業者は、地山の掘削の作業を行う場合において、地山の崩壊、埋設物等の損壊等により労働者に危険を及ぼすおそれのあるときは、あらかじめ、作業箇所及びその周辺の地山について次の事項をボーリングその他適当な方法により調査し、これらの事項について知り得たところに適応する掘削の時期及び順序を定めて、当該定めにより作業を行わなければならない。

一　形状、地質及び地層の状態

二　き裂、含水、湧（ゆう）水及び凍結の有無及び状態

三　埋設物等の有無及び状態

四　高温のガス及び蒸気の有無及び状態

（掘削面のこう配の基準）

第356条　事業者は、手掘り（パワー・ショベル、トラクター・ショベル等の掘削機械を用いないで行なう掘削の方法をいう。以下次条において同じ。）により地山（崩壊又は岩石の落下の原因となるき裂がない岩盤からなる地山、砂からなる地山及び発破等により崩壊しやすい状態になっている地山を除く。以下この条において同じ。）の掘削の作業を行なうときは、掘削面（掘削面に奥行きが2メートル以上の水平な段があるときは、当該段により区切られるそれぞれの掘削面をいう。以下同じ。）のこう配を、次の表の上欄に掲げる地山の種類及び同表の中欄に掲げる掘削面の高さに応じ、それぞれ同表の下欄に掲げる値以下としなければならない。

2　前項の場合において、掘削面に傾斜の異なる部分があるため、そのこう配が算定できないときは、当該掘削面について、同項の基準に従い、それよりも崩壊の危険が大きくないように当該各部分の傾斜を保持しなければならない。

（地山掘削作業時の措置）

第357条　事業者は、手掘りにより砂からなる地山又は発破等により崩壊しやすい状態になっている地山の掘削の作業を行なうときは、次に定めるところによらなければならない。

一　砂からなる地山にあっては、掘削面のこう配を35度以下とし、又は掘削面の高さを5メートル未満とすること。

二　発破等により崩壊しやすい状態になっている地山にあっては、掘削面のこう配を45度以下とし、又は掘削面の高さを2メートル未満とすること。

2　前条第2項の規定は、前項の地山の掘削面に傾斜の異なる部分があるため、そのこう配が算定できない場合について、準用する。

（点検）

第358条　事業者は、明り掘削の作業を行なうときは、地山の崩壊又は土石の落下による労働者の危険を防止するため、次の措置を講じなければならない。

一　点検者を指名して、作業箇所及びその周辺の地山について、その日の作業を開始する前、大雨の後及び中震以上の地震の後、浮石、及びき裂の有無及び状態並びに含水、湧（ゆう）水及び凍結の状態の変化を点検させること。

二　点検者を指名して、発破を行なった後、当該発破を行なった箇所及びその周辺の浮石及びき裂の有無及び状態を点検させること。

（地山の掘削作業主任者の選任）

第359条　事業者は、令第6条第9号の作業については、地山の掘削及び土止め支保工作業主任者技能講習を修了した者のうちから、地山の掘削作業主任者を選任しなければならない。

労働安全衛生法施行令

（作業主任者を選任すべき作業）

第6条　法第14条の政令で定める作業は、次のとおりとする。

九　掘削面の高さが2メートル以上となる地山の掘削（ずい道及びたて坑以外の坑の掘削を除く。）の作業（第11号に掲げる作業を除く。）

（地山の掘削作業主任者の職務）

第360条　事業者は、地山の掘削作業主任者に、次の事項を行わせなければならない。

一　作業の方法を決定し、作業を直接指揮すること。

二　器具及び工具を点検し、不良品を取り除くこと。

三　要求性能墜落制止用器具等及び保護帽の使用状況を監視すること。

（地山の崩壊等による危険の防止）

第361条　事業者は、明り掘削の作業を行なう場合において、地山の崩壊又は土石の落下により労働者に危険を及ぼすおそれのあるときは、あらかじめ、土止め支保工を設け、防護網を張り、労働者の立入りを禁止する等当該危険を防止するための措置を講じなければならない。

（埋設物等による危険の防止）

第362条　事業者は、埋設物等又はれんが壁、コンクリートブロック塀（へい）、擁壁等の建設物に近接する箇所で明り掘削の作業を行なう場合において、これらの損壊等により労働者に危険を及ぼすおそれのあるときは、これらを補強し、移設する等当該危険を防止するための措置が講じられた後でなければ、作業を行なってはならない。
2　明り掘削の作業により露出したガス導管の損壊により労働者に危険を及ぼすおそれのある場合の前項の措置は、つり防護、受け防護等による当該ガス導管についての防護を行ない、又は当該ガス導管を移設する等の措置でなければならない。
3　事業者は、前項のガス導管の防護の作業については、当該作業を指揮する者を指名して、その者の直接の指揮のもとに当該作業を行なわせなければならない。

（掘削機械等の使用禁止）

第363条　事業者は、明り掘削の作業を行なう場合において、掘削機械、積込機械及び運搬機械の使用によるガス導管、地中電線路その他地下に在する工作物の損壊により労働者に危険を及ぼすおそれのあるときは、これらの機械を使用してはならない。

（運搬機械等の運行の経路等）

第364条　事業者は、明り掘削の作業を行うときは、あらかじめ、運搬機械、掘削機械及び積込機械（車両系建設機械及び車両系荷役運搬機械等を除く。以下この章において「運搬機械等」という。）の運行の経路並びにこれらの機械の土石の積卸し場所への出入の方法を定めて、これを関係労働者に周知させなければならない。

（誘導者の配置）

第365条　事業者は、明り掘削の作業を行なう場合において、運搬機械等が、労働者の作業箇所に後進して接近するとき、又は転落するおそれのあるときは、誘導者を配置し、その者にこれらの機械を誘導させなければならない。
2　前項の運搬機械等の運転者は、同項の誘導者が行なう誘導に従わなければならない。

（保護帽の着用）

第366条　事業者は、明り掘削の作業を行なうときは、物体の飛来又は落下による労働者の危険を防止するため、当該作業に従事する労働者に保護帽を着用させなければならない。
2　前項の作業に従事する労働者は、同項の保護帽を着用しなければならない

（照度の保持）

第367条　事業者は、明り掘削の作業を行なう場所については、当該作業を安全に行なうため必要な照度を保持しなければならない。

第二款　土止め支保工

（材料）

第368条　事業者は、土止め支保工の材料については、著しい損傷、変形又は腐食があるものを使用してはならない。

（構造）

第369条　事業者は、土止め支保工の構造については、当該土止め支保工を設ける箇所の地山に係る形状、地質、地層、き裂、含水、湧（ゆう）水、凍結及び埋設物等の状態に応じた堅固なものとしなければならない。

（組立図）

第370条　事業者は、土止め支保工を組み立てるときは、あらかじめ、組立図を作成し、かつ、当該組立図により組み立てなければならない。

2　前項の組立図は、矢板、くい、背板、腹おこし、切りばり等の部材の配置、寸法及び材質並びに取付けの時期及び順序が示されているものでなければならない。

（部材の取付け等）

第371条　事業者は、土止め支保工の部材の取付け等については、次に定めるところによらなければならない。

一　切りばり及び腹おこしは、脱落を防止するため、矢板、くい等に確実に取り付けること。

二　圧縮材（火打ちを除く。）の継手は、突合せ継手とすること。

三　切りばり又は火打ちの接続部及び切りばりと切りばりとの交さ部は、当て板をあててボルトにより緊結し、溶接により接合する等の方法により堅固なものとすること。

四　中間支持柱を備えた土止め支保工にあっては、切りばりを当該中間支持柱に確実に取り付けること。

五　切りばりを建築物の柱等部材以外の物により支持する場合にあっては、当該支持物は、これにかかる荷重に耐えうるものとすること。

（切りばり等の作業）

第372条　事業者は、令第6条第10号の作業を行なうときは、次の措置を講じなければならない。

一　当該作業を行なう箇所には、関係労働者以外の労働者が立ち入ることを禁止すること。

二　材料、器具又は工具を上げ、又はおろすときは、つり綱、つり袋等を労働者に使用させること。

（点検）

第373条　事業者は、土止め支保工を設けたときは、その後7日をこえない期間ごと、中震以上の地震の後及び大雨等により地山が急激に軟弱化するおそれのある事態が生じた後に、次の事項について点検し、異常を認めたときは、直ちに、補強し、又は補修しなければならない。

一　部材の損傷、変形、腐食、変位及び脱落の有無及び状態

二　切りばりの緊圧の度合

三　部材の接続部、取付け部及び交さ部の状態

（土止め支保工作業主任者の選任）

第374条　事業者は、令第6条第10号の作業については、地山の掘削及び土止め支保工作業主任者技能講習を修了した者のうちから、土止め支保工作業主任者を選任しなければならない。

（土止め支保工作業主任者の職務）

第 375 条　事業者は、土止め支保工作業主任者に、次の事項を行わせなければならない。

一　作業の方法を決定し、作業を直接指揮すること。

二　材料の欠点の有無並びに器具及び工具を点検し、不良品を取り除くこと。

三　要求性能墜落制止用器具等及び保護帽の使用状況を監視すること。

建設労務安全研究会

教育委員会　新入社員教育テキスト改訂部会　会員名簿（平成 29 年 10 月）

教育委員会委員長	嶋重　裕	東亜建設工業株式会社
部　会　長	久髙　公夫	株式会社フジタ
部　会　員	伊藤　潤	大成建設株式会社
〃	竹間　茂	鉄建建設株式会社
〃	大坪　久	西松建設株式会社

新入社員が学ぶ建設現場の災害防止 改訂第２版

2009年　3月13日　初版
2018年　1月24日　改訂第2版
2024年 10月　7日　改訂第2版6刷

編　　者　建設労務安全研究会

発 行 所　株式会社労働新聞社
〒173-0022　東京都板橋区仲町 29-9
TEL：03-5926-6888（出版）　03-3956-3151（代表）
FAX：03-5926-3180（出版）　03-3956-1611（代表）
https://www.rodo.co.jp　　pub@rodo.co.jp
表　　紙　オムロプリント株式会社
印　　刷　モリモト印刷株式会社

ISBN 978-4-89761-680-3